论城市景观的地域性与生态性交融

谌　扬◎著

吉林出版集团股份有限公司
全国百佳图书出版单位

图书在版编目（CIP）数据

论城市景观的地域性与生态性交融 / 谌扬著. -- 长春 : 吉林出版集团股份有限公司, 2022.7

ISBN 978-7-5731-1846-2

Ⅰ. ①论… Ⅱ. ①谌… Ⅲ. ①城市景观—研究—中国 Ⅳ. ①TU984.2

中国版本图书馆CIP数据核字(2022)第137367号

LUN CHENGSHI JINGGUAN DE DIYUXING YU SHENGTAIXING JIAORONG

论城市景观的地域性与生态性交融

著　　者: 谌　扬
责任编辑: 郭玉婷
封面设计: 雅硕图文
版式设计: 雅硕图文
出　　版: 吉林出版集团股份有限公司
发　　行: 吉林出版集团青少年书刊发行有限公司
地　　址: 吉林省长春市福祉大路5788号
邮政编码: 130118
电　　话: 0431-81629808
印　　刷: 天津和萱印刷有限公司
版　　次: 2023年1月第1版
印　　次: 2023年1月第1次印刷
开　　本: 710 mm × 1000 mm　1/16
印　　张: 11
字　　数: 200千字
书　　号: ISBN 978-7-5731-1846-2
定　　价: 78.00元

目 录

第一章 城市生态与生态设计……1
第一节 生态学与生态系统……1
第二节 城市生态学与城市生态系统……11
第三节 城市景观概述……18
第四节 城市景观生态设计……19

第二章 地域性设计发展……30
第一节 国内外地域性设计的发展历程……30
第二节 地域性设计理论基础……34
第三节 地域性设计基本方法……37
第四节 地域性城市设计结构……39
第五节 地域性建筑研究的对象和层次……45

第三章 道路生态景观设计……50
第一节 城市道路生态规划设计概述……50
第二节 基于绿视率的新建城市道路绿化设计……61
第三节 广场绿地生态规划设计……90
第四节 停车场生态化景观设计……96

第四章 地域性城市设计方法…… 99
第一节 城市文脉构成要素分析 …… 99
第二节 地域性城市空间结构要素识别 …… 101
第三节 地域性城市空间形态认知 …… 105
第四节 地域性城市设计特点 …… 109

第五章 城市生态园林设计…… 114
第一节 园林生态系统 …… 114
第二节 园林植物与生态环境 …… 121
第三节 园林设计指导思想、原则与设计模式 …… 126
第四节 城市生态公园近自然设计 …… 138
第五节 水与动植物景观 …… 151

第六章 城市景观地域性与生态性交融——城市景观生态设计实践…… 159
第一节 项目概况、现状与思路 …… 159
第二节 设计内容 …… 160
第三节 生态设计亮点 …… 163

参考文献…… 165

第一章　城市生态与生态设计

第一节　生态学与生态系统

生态学是研究人类、生物与环境之间复杂关系的科学。生态学不应该仅仅研究生物与环境的关系或环境对生物的影响，还应该研究生物群落与非生物环境所构成的整体，这个整体就叫生态系统。生态系统中进行物质能量流动的条件（因素），称生态环境。

一、生态学

（一）生态学的研究对象及分支学科

1.生态学的研究对象

生态学是以生物个体、种群、群落和生态系统甚至是生物圈为研究对象，从而构成：生物个体、生物种群、生物群落、生态系统。

将某一环境及其中的生物群体结合起来加以研究，目的是阐明生态系统的机制：现代生态学强调的这种机制，主要指生态系统中物质和能量的流动。

2.生态学的层次

生态学研究的最高组织层次是生物圈，生物圈是地球上全部生物和一切适合于生物栖息的场所，它包括：岩石圈的上层、全部水圈和大气圈的下层。

3.生态学的分支学科

按生命层次划分：分子（基因）、组织、器官、个体、种群、群落、生态系统、景观、生物圈和全球生态学。

按生物划分：动物、植物、微生物、昆虫、鱼类生态学等。

按栖所划分：淡水、海洋、河口、陆地、森林、草地、荒漠生态学等。

按边缘科学划分：数学生态学、化学生态学、进化生态学、生理生态学、经济生态学、生态经济学、环境生态学等。

按应用划分：农业、渔业、污染生态学等。

（二）生态学的研究方法

1.野外与现场调查

在野外与现场调查中除要应用生物学、化学、地理学、地学及气象学等方面的知识外，还常需要运用现代化的调查工具，如调查船、飞机甚至人造卫星等，并采用先进技术和仪器，如示踪元素、无线电追踪、遥感及遥测等。

2.实验室分析

实验室分析除一般生物学、生理学、毒理学等研究方法外，还要结合化学、物理学方法，尤其是分析化学、仪器分析、放射性同位素测定等方法。

3.模拟实验

模拟实验是近代生态学研究的主要手段，包括实验室模拟系统和野外模拟自然系统。实验室模拟包括各种微型模拟生态系统，如各种水生生物的微型试验系统、土壤实验的土壤系统、人工气候箱等。较大型的人工气候室、温室也可以包括在实验室模拟系统中，还有人工模拟草地、森林系统，甚至模拟生物圈的巨型试验场。

4.数学模拟与计算机模拟

数学模拟与计算机模拟已广泛应用于生态学各个领域，它们对生态学理论教学、科研及生态问题的预测、预报起着十分重要的作用。

5.生态网络及综合分析

对于区域生态系统的研究，涉及多点实验数据的搜集、处理及管理，必须建立大型数据库及管理系统，如地理信息系统（GIS）的应用、中国生态系统研究网络（CERN）等。

二、生态系统

（一）生态系统的分类

生态系统依据能量和物质的运动状况，生物、非生物成分，可分为多种类型。

按照生态系统非生物成分和特征划分为：陆地生态系统和水域生态系统。

陆地生态系统又分为：荒漠生态系统、草原生态系统、稀树干草原生态系统、农业生态系统、城市生态系统和森林生态系统。

水域生态系统又分为：淡水生态系统、海洋生态系统。

按照生态系统的生物成分划分为：植物生态系统、动物生态系统、微生物生态系统、人类生态系统。

按照生态系统结构和外界物质与能量交换状况划分为：开放生态系统、封闭生态系统、隔离生态系统。

按照人类活动及其影响程度划分为：自然生态系统、半自然生态系统、人工复合生态系统。

（二）生态系统的组成

生态系统的基本组分包括两大部分：生物组分和非生物组分。其中生物组分由生产者、消费者和分解者组成。

1.生产者

生产者是指生态系统中的自养生物，主要是指能用简单的无机物制造有机物的绿色植物，也包括一些光合细菌类微生物。它们进行初级生产。

2.消费者（大型消费者）

消费者是指以初级生产产物为食物的大型异养生物，主要是动物。根据它们食性的不同，可以分为草食动物、肉食动物、寄生动物、腐食动物和杂食动物。草食动物又称一级消费者，以草食动物为食的动物为二级消费者，以二级肉食动物为食的为三级消费者。

3.分解者（小型消费者）

分解者是指利用植物和动物残体及其他有机物为食的小型异养生物，主要指细菌、真菌和放线菌等微生物。它们的主要作用是将复杂的有机物分解成简单的无机物归还于环境，因此，称为次级生产。另外，大型消费者和小型消费者的生产都依赖于初级生产产物，它们本身可称为次级生产者。

4.非生物环境

非生物环境主要是指：①太阳辐射；②无机物质；③有机化合物；④气候因素。

在以上生态系统的组成成分之中，植被是自然生态系统的重要识别标志和划分自然生态系统的主要依据。

（三）生态系统的结构

1.生态系统的物种结构

生态系统是由许多生物种类组成，生态系统的物种结构体现了生态系统中的物种组成的多样性。它是描述生态系统结构和群落结构的方法之一。物种多样性与生境的特点和生态系统的稳定性是相联系的。衡量生态系统中生物多样性的指数较多，如均匀度、优势度、多度、频度等。

2.生态系统的营养结构

生态系统的营养结构，是以营养为纽带，把生物、非生物有机结合起来，使生产者、消费者和环境之间构成一定的密切关系。可分为以物质循环为基础的营养结构和以能量为基础的营养结构。

3.生态系统的时空结构

生态系统的外貌和结构随时间的不同而变化，这反映出生态系统在时间上的动态，一般可分成三个时间尺度，即长时间尺度、中等时间尺度、短时间尺度。任何一个生态系统都有空间结构，即生态系统的分层现象。各种生态系统在空间结构布局上有一定的一致性。在系统的上层，集中分布着绿色植物（森林生态系统）或藻类（海洋生态系统），这种分布有利于光合作用，又称为绿带（或光合层）。在绿带以下为异养层或分解层。生态系统的分层有利于充分利用阳光、水分和空间。

（四）生态系统的基本功能

生态系统的基本功能可以概要地分为生物生产、能量流动、物质循环、信息控制等几个方面。

1.生态系统的生物生产

生产者生产、消费者消费是生态系统内基本的过程。一般来说，生态系统的生产是指把太阳能转变为化学能再经过动物的生命活动转化为物能的过程。

生态系统中与物流能够同时存在的还有信息流，在有机体之间进行信息传递，随时对系统进行控制和调节，把各个组成部分联成一个整体。

2.生态系统的能量流动

（1）能量在生态系统中的分配和消耗

植物通过光合作用所同化的第一性生产量成为进入生态系统中可利用的基本能源。这些能量遵循热力学基本定律在生态系统内各成分之间不停地流动或转移，使得生态系统的各种功能得以正常进行。能量流动从初级生产在植物体内分配与消耗开始。食物在生态系统各成分间的消耗、转移和分配过程，就是能量的流通过程。

（2）食物链和食物网

食物链是指在自然界中，物种和物种之间取食与被取食的关系，食物链是生态系统中能量流动的渠道。食物链中的每个环节，处于不同的营养层次，又叫营养级。由于食物链的长度不是无限的，一般营养级不超过五级。食物链可分为捕食链、腐屑链、寄生链三类，也有人提出加上混合链共四类。

捕食链又叫草牧链、放牧链、植食链等，如草原生态系统中：草—蚱蜢—青蛙—蛇—鹰，就是捕食链。

腐屑链又叫残屑链、碎屑链等，从死亡的有机体到微生物再到摄食腐屑的生物及它的捕食者，腐屑链多存在于棕色带内。

寄生链是以寄生的方式取食活的生物有机体而构成的食物链，如：大豆—大豆菟丝子；猪—猪蛔虫—原生动物。

混合链是指构成食物链的各环节中，既有活食性生物又有腐屑性生物，如：稻草—牛—蚯蚓—鸡—猪—鱼。

在生态系统中，各种生物之间取食与被取食的关系，往往不是单一的，而是错综复杂的。一种消费者可取食多种食物，而同一食物又可被多种消费者取食，于是形成食物链之间交错纵横，彼此相连，构成一种网状结构，这种结构就叫食物网。

（3）有毒物质富集

在生态系统中，能量沿食物链的传递是逐级递减的，这是因为能量在食物链传递过程中伴随着热量的散失，遵守热力学第二定律。但是，食物链的另一个重要特点就是某些物质尤其是一些有毒物质进入生物体后难以分解或排出，在生物体内积累，使其体内这些物质的浓度超过环境中的浓度，造成生物浓缩和富集，这些物质沿食物链从低营养级生物到高营养级生物传递，使处于高营养级生物体内的这些物质的浓度显著提高，这就叫有毒物质富集，即高营养级的有毒物质积累最高，这是一种严重的生物放大作用。人类活动排到环境中的有害物，如有机合成农药、重金属和放射性物质，通过水、土、食物的聚集，影响到食物链上的一系列生物，最后反过来危及人类自己。

（4）生态金字塔

生态金字塔：在营养级序列上，上一级营养级总是依赖于下一级营养级的能量，下一级营养级的能量只能满足上一级营养级中少数消费者的需要，逐级向上，营养级的能量呈阶梯状的递减。于是，形成一个底部宽、上部窄的尖塔形，称为生态金字塔。

（5）生态效率

生态效率是指能量通过各营养级时的转化效率，即食物链不同位置上能流的比例关系，常用的生态效率有以下几种：林德曼效率、同化效率、生产效率、利用效率、组织生长效率、生态生长效率。

3.生态系统的物质循环

生物地球化学循环：各种化学元素和营养物质在不同层次的生态系统

内，乃至整个生物圈里，沿着特定的途径从环境到生物体，从生物体再到环境，不断地进行着流动和循环，就构成了生物地球化学循环。

生物地球化学循环包括两个内容：一是地质大循环，物质或元素经生物体的吸收作用，从环境进入生物有机体内，生物有机体再以死体、残体或排泄物形式将物质成元素返回环境进入大气、水、岩石、土壤和生物五大自然圈层的循环；二是生物小循环，环境中的元素经生物体吸收，在生态系统中被多层次利用，然后经过分解者的作用，再为生产者吸收、利用。

主要物质的生物地球化学循环有碳循环、氮循环、磷循环、水循环。

4.生态系统的信息传递

生态系统信息传递不像物质流那样是循环的，也不像能量流那样是单向的，而往往是双向的，有输入到输出的信息传递，也有从输出到输入的信息反馈生态系统中包含多种多样的信息，大致可分为营养信息、物理信息、化学信息和行为信息等。

三、生态系统的平衡

（一）生态平衡的概念

在一定时间内，生态系统中生物各种群之间，通过能流、物流、信息流的传递，达到互相适应、协调和统一的状态，处于动态的平衡之中，这种动态的平衡称为生态平衡。

（二）生态平衡的标志

1.生态系统中物质和能量的输入、输出的相对平衡

任何生态系统都是程度不同的开放系统，既有物质和能量的输入，也有物质和能量的输出，能量和物质在生态系统之间不断地进行着开放性流动。只有生物圈这个最大的生态系统，对于物质运动来说是个相对封闭的，如全球的水分循环是平衡的，营养元素的循环也是全球平衡的。生态系统中输出多，输入相应也多，如果入不敷出，系统就会衰退。若输入多，输出少，则生态系统有积累，处于非平衡状态。人类从不同的生态系统中获取能量和物质，增加系统的输出，应给予相应的补偿，只有这样才能使环境资源保持永

续再生产。

2.在生态系统整体上，生产者、消费者、分解者应构成完整的营养结构

对于一个处于平衡状态的生态系统来说，生产者、消费者、分解者都是不可缺少的，否则食物链会断裂，会导致生态系统的衰退和破坏。生产者减少或消失，消费者和分解者就没有赖以生存的食物来源，系统就会崩溃。消费者与生产者在长期共同发展过程中，已形成了相互依存的关系，如生产者靠消费者传播种子、果实、花粉，以及树叶和整枝等。没有消费者的生态系统也是一个不稳定的生态系统，分解者完成归还或还原或再循环的任务，是任何生态系统所不可缺少的。

3.生物种类和数量的相对稳定

生物之间是通过食物链维持着自然的协调关系，控制物种间的数量和比例，如果人类破坏了这种协调关系和比例，使某种物种明显减少，而另一些物种却是大量滋生，破坏系统的稳定和平衡，就会带来灾害。例如，大量施用农药使害虫的天敌数量大大减少，从而带来害虫的再度猖獗；大肆捕杀以鼠类为食的肉食动物，会导致鼠害的日趋严重。

4.生态系统之间的协调

在一定区域内，一般包括多种类型的生态系统，如森林、草地、农田、江河水域等。如果在一个区域内能根据自然条件合理配置森林、草地、农田等生态系统的比例，它们之间就可以相互促进；相反，就会对彼此造成不利的影响。例如，在一个流域内，陡坡毁林开荒，就会造成水土流失，土壤肥力减退，并且淤塞水库、河道，农田和道路被冲毁及抗御水旱灾害能力的下降等后果。

（三）导致生态平衡失调的原因

1.自然原因

主要是指自然界发生的异常变化，或自然界本来就存在的对人类和生物的有害因素，如火山爆发、水旱灾害、地震、海啸、台风、流行病等自然灾害，都会使生态平衡遭到破坏。这些自然因素对生态系统的破坏是严重的，甚至可使其彻底毁灭，并具有突发性的特点。

2.人为原因

人为因素主要是指人类对自然资源不合理的开发利用及工农业生产所带来的环境污染等。

（1）物种改变

人类有意或无意地造成某一生态系统中某一生物消失或向其中引入某一物种，都可能对整个生态系统造成影响，甚至破坏一个生态系统。

（2）环境因素的改变

工农业生产的迅速发展，使大量污染物质进入环境，从而改变环境因素，影响整个生态系统，甚至破坏生态平衡。

（3）信息系统的破坏

许多生物在生存过程中，都能释放出某种信息素以驱赶天敌、排斥异种，取得直接或间接的联系以繁衍后代。

（四）生态学的一般规律

生态学的一般规律可归纳为以下几个主要方面。

1.相互依存与相互制约规律

生态系统中生物与生物、生物和环境相互依存、相互制约，具有和谐协调的关系，是构成生态系统或生物群落的基础。这种协调主要分为两类：①普遍的依存与制约关系亦称“物物相关规律”；②通过食物链而相互联系与制约的协调关系，即“相生相克规律”。

2.物质循环与再生规律

生态系统中植物、动物、微生物和非生物成分，借助能流，不断从自然界摄入物质并合成新物质，又随时分解成为原来的简单物质，重新被植物吸收，进行着不停的物质循环。因此，要严禁有毒物质进入生态系统，以免有毒物质经过多次循环后富集到危害人类的程度。

3.物质输入与输出动态平衡规律

物质输入与输出平衡又称协调稳定规律。它涉及生物、环境和生态系统三个方面。生物体一方面从周围环境摄取物质，另一方面又向环境排放物质，以补偿环境损失。对于一个稳定的生态系统，无论对生物、对环境、对生态系统，物质输入与输出总是相平衡的。当生物体的输入不足时，如农田肥料不足，农作物生长就不好，产量下降。同样，如果输入污染物，如重金属、难降解的农药及塑料等，生物吸收虽然少，暂时看不出影响，但它会因积累而危害农作物。

4.相互适应与补偿的协同进化规律

生物与环境之间存在作用与反作用过程。生物给环境以影响，反过来环境也会影响生物。例如，最初生长在岩石表面的地衣，由于没有土壤可供扎根，获得的水分和营养元素就十分少。但地衣生长过程中的分泌物和地衣残体的分解，不但把水和营养元素归还给环境，而且还生成不同性质的物质，促进了岩石风化。这样，环境保存水分的能力增强，可提供的营养元素也多了，为较高级植物苔藓生长创造了条件。如此下去，以后在这一环境中便逐渐出现了草本植物、灌木和乔木。这就是生物与环境相互适应和补偿的结果，形成了协同进化。

5.环境资源的有效极限规律

生态系统中，生物赖以生存的各种环境资源在质量、数量、空间和时间等方面，都有其一定的限度，不能无限制地供给，因而其生物生产力通常都有一个大致的上限。同时每个生态系统对任何外来干扰都有一定的忍耐极限，当外来干扰超过此极限时，生态系统就会被损伤、破坏，甚至瓦解。所以，放牧不能超过草场承载量；采伐森林、捕鱼、狩猎、采集药材等都不应超过使资源永续利用的产量；保护某一物种就必须有足够供它生长和繁殖的地域空间。

6.反馈调节规律

一个系统，如果其状态能够决定输入，就说明它有反馈机制的存在。反馈分为正反馈和负反馈。负反馈控制可使系统保持稳定，正反馈使偏离加剧。例如，在生物的生长过程中，个体越来越大，或在种群的增长过程中，个体数量不断上升，这都属于正反馈。正反馈也是有机体生长和存活所必需的。但是，正反馈不能维持稳态，要使系统维持稳态，只有通过负反馈控制。由于生态系统具有负反馈的自我调节机制，所以在通常情况下，生态系统会保持自身的生态平衡。但是，生态系统的这种自我调节功能是有一定限度的，当外来干扰因素超过一定限度时，生态系统的自我调节功能本身就会受到损害，从而引起生态失调，甚至导致生态危机。

（五）生态平衡的保持

保持生态平衡，促进人类与自然界协调，已成为当代亟待解决的重要课题。事实证明，人类只有在保持生态平衡的条件下，才能求得生存和发展。

要做到人类与自然协调发展，应特别注意以下三点。

第一，大力开展综合利用，实现自然生态平衡。运用生态系统中物质循环的规律，在综合开发自然资源时，将生产过程中的废物资源化并进一步利用。

第二，兴建大的工程项目时，必须考虑生态利益。

第三，合理开发和利用自然资源，保持生态平衡。

第二节　城市生态学与城市生态系统

城市既是人类技术进步、经济发展和社会问题的汇合处，也是人类生态学和环境问题的重点。从某种意义上说，当今人类面临的各种环境问题都与城市的发展有关。因此，研究城市生态环境问题、寻求解决城市生态危机的对策，探讨城市环境污染的有效治理措施，协调经济发展与城市环境之间的矛盾，实现城市环境的可持续发展，已成为城市生态学中十分关注和亟待解决的一项重要课题。

一、城市生态学概述

城市生态学是生态学的分支，也是城市科学的分支，城市生态学将城市视为一个生态系统，除研究其形态结构外，更侧重于各组分之间的关系，组分之间的能量流动、物质代谢、信息流通，以及人为活动形成的格局及其过程。由于人是城市中生命成分的主体，因此，城市生态学也可以说是研究城市居民与城市环境之间相互关系的科学。

尽管城市生态学在生态学领域的各个分支中比较年轻，但城市生态学的思想在城市问题一出现就有了。目前国内外城市生态学与生态环境研究表现明显的多元化倾向，概括起来，对城市生态学的研究主要有以下五个方面。

第一，以城市人口为研究中心，侧重于城市社会系统，并以社会生活质量为标志，以人口为基本变量，探讨人口生物特征、行为特征和社会特征在城市化过程中的地位和作用。

第二，以城市能流、物流为主线，侧重于城市经济系统的研究。

第三，以城市生物及非生物环境的演变过程为主线，侧重于城市的自然生态系统研究。

第四，将城市视为社会—经济—自然复合生态系统（sence），以复合生态系统的概念为主线，研究城市生态学系统中物质、能量的利用，社会和自然的协调，以及系统动态的自身调节。

第五，以可持续发展城市和生态城市为目标，进行城市评价指标体系、发展模式等的研究。

二、城市生态系统的结构与功能

（一）城市生态系统的结构

城市环境是人类在自然环境基础上建立的独特人工环境，由于城市人口与城市环境（生物要素和非生物要素）相互作用形成复杂的网络系统，因而在城市的特定空间里，城市体系的综合形态，城市人类活动与其周围环境相互作用形成的网络结构和功能关系，从生态学角度又可称为城市生态系统。

城市生态系统包括：①自然生态亚系统；②社会生态亚系统；③经济生态亚系统。

（二）城市生态系统的功能

城市生态系统的功能在于其能满足城乡居民生产、消费和生活的需求，可概括为三个方面：一是生产功能，表现为系统能提供丰富的物质和信息产品；二是生活功能，表现为能提供方便舒适的活动空间和满足物质与精神需求的生产生活条件；三是还原功能，即能保证城乡自然资源的永续利用和社会、经济、环境的协调与平衡发展，通过发挥系统本身的自然净化作用和人工调控措施使城市生态系统保持稳定。

三、城市生态系统的特征

城市生态系统的特征包括城市生态系统区别于自然生态系统的基本特征和城市生态系统的基本特性。

（一）城市生态系统区别于自然生态系统的基本特征

1.系统的组成成分

自然生态系统是由生物群体与无生命的自然环境构成的，生产者是绿色植物，消费者是动物，还原者是微生物，流经它的能量呈金字塔形。

城市生态系统则是由人类与城市自然环境和人工环境构成的，其中生产者是从事生产的人类，消费者是以人类为主体进行的消费活动。城市生态系统的还原功能则是主要由城市所依靠的区域自然生态系统中的还原者及人工建造的各类设施来完成的。流经城市生态系统的能量呈倒金字塔形。

2.系统的生态关系链网

自然生态系统的生态关系链网是自然生态系统长期进化演变的结果，包括生物种群内、种群外的各种竞争、捕食、共生关系及群落与生态环境之间的适应关系。

城市生态系统的生态关系链网大多具有社会属性，更多表现为经济关系、社会关系网络，尽管系统包含自然生态关系链网，但基本上都打上了人工的烙印。

3.生态位

生态位可以理解为各种网络的交接点。自然生态系统所能提供的生态位是其经过发展逐步形成的自然生态位；而城市生态系统所能提供的生态位除自然生态位外，主要是各种社会生态位和经济生态位。

4.系统的功能

生态系统的功能由系统中各种生态流在生态关系网络中的运行得以体

现：城市生态系统的各种生态流要依靠区域自然生态系统的支持，才能在生态关系网络上正常运转。然而，由于城市生态系统的关系网络不完善，加上城市生态系统的各种生态流的强度远远大于自然生态系统，因此，伴随着物质和能量高强度的生态流运转会产生极大的浪费，整个系统的生态效率很低。

5.系统平衡的调控机制

自然生态系统的中心事物是生物群体，它与外部环境的关系是消极地适应环境，只能在一定程度上改造环境；因而无论是生物种群的数量、密度的变化，还是生物对外部环境的相互作用、相互适应，均表现为“通过自然选择的负反馈进行自我调节”的特征。

城市生态系统是以人类为中心，人类与其外部环境的关系是人积极主动地适应并改造环境，其系统行为在很大程度上取决于人类作出的决策，因而其调控机制主要是“通过人工选择的正反馈为主”。

（二）城市生态系统的基本特性

1.城市生态系统的人工化特性

①人口的个体存量在城市生态系统中占绝对优势。

②城市生态系统是人工生态系统。

③城市生态系统的变化规律由自然规律和人类影响叠加形成。

④社会因素对城市生态系统的演变具有重要影响。

⑤城市生态系统中的人类活动影响着人类自身。

2.城市生态系统的不完整性

①绿色植物数量少，且功能发生改变。

②城市生态系统缺乏分解者。

3.城市生态系统的高度开放性

①物质和能量高度依赖外部系统。

②对外部系统具有辐射性。

③城市生态系统的开放具有层次性。

4.城市生态系统的高质量性

城市生态系统的高质量性指的是其构成要素的空间高度集中性与其表现形式的高层次性。

①物质、能量、人口等的高度集聚性。

②城市生态系统的高层次性。

5.城市生态系统的复杂性

①城市生态系统是一个迅速发展和变化的复合人工系统。

②城市生态系统是一个功能高度综合的系统。

6.城市生态系统的脆弱性

①城市生态系统的稳定要靠外力才能维持。

②城市生态系统在一定程度上破坏了自然调节功能。

③城市生态食物链简化，系统自我调节能力小。

④城市生态系统营养关系出现倒置，决定了其为不稳定的系统。

四、城市生态建设调控

（一）城市生态系统调控的原理

城市生态系统调控应依据自然生态系统的优化原理进行。自然生态系统的优化原理归纳起来不外乎两条：一是高效，即物质能量的高效利用，使系统生态效益最高；二是和谐，即各组分间关系的平衡融洽，使系统演替的机会最大而风险最小。因此，城市生态系统调控就是要根据自然生态系统高效、和谐原理去调控城市生态系统的物质、能量流动，使之趋于平衡、协调。城市生态系统调控应遵循高效生态工艺原理和生态协调原理。

1.生态工艺原理

高效生态工艺原理包括：循环再生原则、机巧原则、共生原则。

（1）循环再生原则

生物圈中的物质是有限的，原料、产品、废物的多重利用和循环再生是生物圈生态系统长期生存并不断发展的基本对策。为此，生态系统内部必须形成一套完善的生态工艺流程。

城市环境污染、资源短缺问题的内在原因，就在于系统内部缺乏物质和产品的这种循环再生机制，而把资源和环境全当作外生变量处理，致使资源利用效率和环境效益都不高。只有将城市生态环境系统中的各条“食物链”接成环，在城市废物和资源之间、内部和外部之间搭起桥梁，才能提高城市的资源利用效率，改善城市生态环境。

（2）机巧原则

“机”即机会、机遇，强调要尽可能占领一切可利用的生态位，尤其是要占领一切可用的边缘生态位，开拓边缘。“巧”即技巧，强调要有灵活地运用现有的力量和能量去控制和引导系统。机巧原则的基本思想是变对抗为利用，变征服为驯服，变控制为调节，以退为进，化害为利，顺其自然，尊重自然，因地制宜。

（3）共生原则

共生是不同种类的有机体或子系统合作共存、互惠互利的现象。共生者之间差异越大，系统的多样性越高，从共生中受益也就越大。共生的结果，使所有共生者都大大节约了原料、能量和运输，系统获得多重效益。

2.生态协调原理

城市生态环境调控的核心是城市协调发展。生态协调是指城市各项人类活动与周围环境间相互关系的动态平衡，维持城市生态平衡的关键在于增强城市的自我调节能力。生态协调原理包括以下基本原则。

（1）相生相克原则

生态系统的任何相关组分之间都可能存在促进、抑制这两种不同类型的生态关系。生态系统中任何一个组分都处在某一个封闭的关系环上，当其中的抑制关系为偶数时，该环是正反馈环，即某一组分A的增加（或减少）通过该环的累积放大（或衰减作用），最终将促进A本身的增加（或减少）；负反馈环则相反，其中A的增加（或减少）通过该环的相生相克作用，最终将抑制A本身的发展。

在城市生态系统网络中，系统组分之间可能有很多个关系环，其中必有一个是起主导作用的主导环。对于稳定的城市生态系统来说，其主导环一定是负反馈环。城市生态系统的主导因子一定是限制因子。主导因子好比城市的瓶颈，它决定了城市的环境容量或负载能力。由于受瓶颈的限制，城市生产量与生活水平的增长量组合呈“S”形，即在开始时需要开拓环境，发展很缓慢，继而是适应环境，近乎直线或指数上升，最后受瓶颈的限制而接近某一饱和水平。一旦主导因子变化，瓶颈扩展，容量上限即可加大，城市活动也会呈现“S”形增长，并出现新的主导因子和瓶颈。城市正是在这种缩颈和扩颈或正反馈与负反馈的交替过程中不断发展壮大，实现动态平衡的。

（2）最适功能原则

城市生态系统是一个自组织系统，其演替的目标在于整体功能的完善，而不是其组分结构的增长。一切组织增长必须服从整体能力的需要，一切生产部门，其产品的生产是第二位的，而其产品的功效或服务目的才是第一位的。随着环境的变化，生产部门应能及时修订产品的数量、品种、质量和成本。

（3）最小风险原则

限制因子原理告诉我们，任何一种生态因子在数量和质量上的不足和过多，都会对生态系统的功能造成损害。城市密集的人类活动给社会创造了高的效益，也给生产与生活进一步发展带来了风险。要使经济持续发展，生活稳步上升，城市必须采取自然生态系统的最小风险对策，即各种人类活动应处于上、下限风险值相距最远的位置，使城市长远发展的机会最大。

（二）城市生态调控的方法

城市生态系统调控的目标有三个：一是高效，即高的经济效益和发展速度；二是和谐，即和谐的社会关系和稳定性；三是舒适优美，即优美的生态环境和高质量的生活条件。首先，确立城市发展战略，完善和执行城市总体规划。其次，加强城市环境的综合整治。最后，利用生态观来改造、规划和建设城市。

目前城市生态调控的途径有四种：①生态工艺的设计与改造；②共生关系的规划与协调；③生态意识的普及与提高；④建立城市生态调控决策支持系统。

第三节 城市景观概述

一、景观的含义

不同的专家学者对景观有不同的定义：地理学家认为景观指的就是一种地表现象，或综合自然地理区，又或者是一种类型单位的统称，如城市景观、自然景观等；艺术家则把景观作为表现对象，通常情况下认为景观即为风景；旅游学家则把景观当作一种旅游资源；而生态学家则把景观定义为生态系统。

俞孔坚、李迪华所著的《景观设计：专业学科与教育》一书中指出：景观是指土地及土地上的空间和物体所构成的综合体。它是复杂的自然过程和人类活动在大地上的烙印。

二、城市景观的概念

城市景观实质上是一个复杂的系统，包括很多方面，如生态系统、社会系统、文化系统等。

我们把能够影响城市景观发展变化的因素称之为城市景观因素。城市景观拥有极为丰富的内容，包括城市的空间、城市与自然因素的结合部分等，大到城市的区域绿化，小到一个景观小品、雕塑都属于城市景观的范畴。

三、城市景观对城市居民的生活有重要影响

现代人的生活节奏不断加快，生活压力也随之变大，城市中生活的人们迫切地需要在繁忙的日常生活中获得身心的放松。城市居民是城市环境的主体，有大量的研究表明，城市环境的好坏对城市居民的身心健康有十分重要的影响，甚至有一些外国的专家学者调查研究发现，住所周围有大量植物的居民家庭暴力发生的概率会比住所周边环境较差的家庭低。城市景观作为城市环境的重要组成部分，为城市居民提供了观赏、游玩、休闲等活动的场

地，人们在这里休闲娱乐、放松身心、亲近自然。

城市景观环境对于提高儿童的感知能力有较大的帮助。而面对雾霾频发，空气污染加剧的现象，城市居民更是不断呼吁对城市环境、城市景观的改善可以说在当今社会，城市居民对城市景观的要求越来越高，城市景观也逐渐成为城市生活的重要部分。

近年来，设计生态、健康、可持续的城市景观，已经得到了政府和社会大众的广泛重视。城市景观的生态设计和建设不仅对于城市环境、居民生活有着重要的影响，同时已经逐步发展并形成城市新一轮的财富富集的经济增长点。但是，城市中很多已经建成或在建的自诩为“生态设计”的城市景观实际上并不“生态”，有的生态经济效益低，有的艺术性和人文价值不高，甚至有一些破坏了场地的生态完整性。因此，要想进行城市景观生态设计首先要明确生态景观的内涵、设计标准及设计原则。

第四节　城市景观生态设计

一、城市景观概述

我们国家的劳动和社会保障部对景观设计的定义：景观设计是一门建立在广泛的自然学科和人文艺术学科基础上的应用学科，核心是使人与自然的关系更加和谐。

城市景观设计是人类社会发展到一定阶段的产物，其覆盖面很广，大到城市整体的环境规划，小到细部的环境设计。一般分为城市总体景观、城市区域景观及城市局部景观三个层次。

城市景观设计和城市规划、建筑设计、道路设计等方面互相渗透、相互补充，有着十分密切的关系，它是对城市空间环境的保护、控制及创造。

城市景观是城市中由地形、水体、植物、建筑、小品等元素组成的各种物理形态的综合表现，它是城市美学在具体空间中的体现，它是改善城市生态环境，创造高质量城市生活的有效途径之一。

二、景观与生态

（一）生态环境概念

生态是指各类生物与周围环境之间的相互联系和相互作用。通常情况下环境一般可包括自然环境、社会环境、经济环境三个部分。在当代环境科学的研究中，生态和环境在概念上有所不同，但是它们又紧密联系，生态环境指的是生物及其生存繁衍的各种自然因素、条件的总和。生态环境与自然环境常常被混为一谈，但是严格来讲，生态环境并不能完全等同于自然环境。相较而言，自然环境包含的范围更加广泛，但生态环境的定义更加严格，通常只有包含一定生态关系的系统才能叫作生态环境。例如，有些自然环境只是由非生物因素组成的，但它们并不能算作生态环境。

生态系统是由生物群落及其相关的无机环境共同组成的功能系统。在生态系统的演变过程中，各种对立因素通过物质循环和能量交换可以使生态系统保持相对稳定和平衡。一旦环境负载过多，突破生态系统的承受极限，生态系统就会遭到破坏甚至毁灭。

纵观人类社会的发展过程，人类活动与生态环境始终在相互影响。近代以来，科学技术的发展日新月异，使人类改造自然的能力得到了极大的增强，在生态系统的演化过程中越来越积极活跃。一方面，人类向自然索取资源的速度和规模不断扩大；另一方面，自然生态危机的问题越来越明显，人类本身也因此受到了自然生态的教训。目前，在许多国家生态环境问题都已经成为制约经济和社会发展的重大障碍，环境问题已成为举世关注的热点话题。

（二）生态文化的兴起与发展

生态文化是指人类遵循自然生态系统的本质规律，保护生态环境、维持生态平衡，实现人与自然、人与社会、人与人、人与自身和谐发展所反映出来的思想观念的总和。

文化的发展总是伴随着人与自然关系的变化。纵观人类发展的历史可以发现，人类对自然的认识，先后经历了神化自然、物化自然、人化自然的不同阶段，伴随人类对自然认识的不断发展和变化也相继产生了自然文化、人文文化、科学文化和生态文化。

在神化自然阶段，人类认识自然和改造自然的能力很弱，因此，人们崇敬自然并把自然奉为神明，在那个人的生活完全受自然条件的制约，人与自然融为一体的时期，产生了人类最早的文化——自然文化，自然文化的集中体现就是万物有灵的原始宗教信仰。到了物化自然阶段，人类具备了一定的改造自然的能力，农业、畜牧业及手工业的出现和发展给人类社会带来了农业文明的同时产生了人文文化。到了18世纪工业革命爆发之后，人类进入工业化时代，科学文化随之产生并发展。科学技术的发展对社会的影响，不仅使人类生活更加便利，而且它更是社会文化、历史发展的主要推动力之一。

事实上人文文化和科学文化从本质上来讲都是反自然的文化，其本质都是在以人类本身为中心，虽然社会、经济在这样的文化影响下都获得了巨大的进步，但是自然生态的平衡却也遭到了破坏，人与人、人与自然、人与社会关系也被破坏甚至被割裂、发生冲突。因此，进入21世纪后，为了缓解生态危机保护地球，同时为了拯救人类自己，人类急需推广生态文化。

生态文化是人类文化发展的一个更新、更高的阶段，它倡导新的文化观念，主张人类不仅要注重物质消费，同时更要追求精神消费；要加强对生态环境的投入，使不同时间和空间的人或地区都能够平等拥有环境资源，让科学与哲学、艺术融合统一共同发展，人类与环境协调发展，最终实现人类社会的可持续发展。它是推动人类社会及人类自身实现全面、协调、可持续发展的文化。生态文化是人类告别既往、开创未来的文化里程碑。

生态文化的发展促使着人们开始站在科学和生态的角度上重新审视景观行业，生态学思想的引入，极大地改变了现代景观设计的思想和方法，也极大地影响了城市景观的形象。景观设计者也开始把自己的责任与生态系统联系起来。在城市景观设计中不单单追求景观的功能和形式，还要追求景观的生态效益，甚至将它放在第一位。

（三）景观中的生态价值观

景观的生态性并不是一个新鲜的概念，自古以来，但凡景观设计无论大小、形式，都与自然生态联系紧密，从某种意义上来讲，人类对于景观的设计实质上就是对生态系统的设计，只是由于今天所面临的环境问题更加突出，所以生态问题成为最热门的话题。

18世纪末兴起以来，自然生态学就为景观设计提供了更为正确、科学和广阔的视野，以自然生态学为基础而衍生发展出来的森林生态学、城市生态学、建筑生态学等分支学科又从不同的角度继续扩充和完善了景观生态学的理论体系，为景观生态设计提供了严谨的理论基础及丰富开阔的研究角度。注重景观设计的生态意义，使得现代景观设计不再单纯地以艺术性为最重要的价值观，使科学和艺术在景观设计学的理论中获得了平衡。

1.作为方法论的生态价值取向

城市生态学为城市景观设计提供了使自然、社会、经济三个生态系统之间相互平衡的调控法；景观生态学则从生态的角度为景观设计和资源分析利用提供了方法。除此之外，环境工程学、植物学、海洋生态学等环境生态研究的学科理论也为现代城市景观设计带来了不同专业特点的方法和生态技术手段，尤其是伊恩·麦克哈格（Ian Lennox McHarg）的“设计结合自然”的理论，使得景观设计突破了传统的建山、注水、种花种草的范畴。

通过借鉴、吸取相关学科的技术方法，景观设计学在协调人与自然方面的方法和策略日趋完善、系统，甚至形成了以生态价值为取向的方法体系。以生态价值观为取向将会为景观设计学扩大研究领域，使城市景观设计更自由、更科学、更系统。

2.作为审美观的生态价值取向

传统景观设计符合古典美学标准，重视景观的形态美，常用艺术美的表现手法来达到追求意境之美的终极理想。

而当今社会，在生态文明价值观的引导下，人们开始逐渐地认识到生命与生态美之间相互依存的关系。生态美的内容更加广泛，包括生态系统结构的合理性、功能的稳定性及物种的多样性等，生态之美成为现代城市景观设计的表现对象，成为超越外表层次、纯艺术美感的新审美要求和价值取向，也为城市景观设计带来了除景观形态、色彩外崭新的美学标准，是一种健康的、理性的生命之美。

3.作为评价标准的生态价值取向

评价传统的景观设计，往往以美学作为衡量标准。而现代城市景观设计内容越来越丰富多样，对城市景观设计成果的评价已不仅仅是其外在形式，更多的是内在品质。另外，景观的功能、文化及生态等多种价值的平衡也得到了人们更多的关注；景观的舒适性、心理感受等也都成为景观设计的评价指标，特别是景观生态体系构成形式、安全性、功能性、环境的健康程度等评价标准的引入，更加拓宽了城市景观设计的评价标准。景观生态学等科学的引入还使得现代景观设计评价方法更加细化、系统、科学且易于量化。以生态价值为取向为景观设计学建立科学严谨的评价体系提供了支持。

总之，以生态价值为取向是现代景观设计的发展趋势和发展目标，但是在理论研究和设计实践中还有一些不足及难点。

第一，要改变对于生态理解的局限性，不再将景观生态设计单纯地理解为种花种草，将人工景观的主体自然生态环境作为陪衬。

第二，对于以生态价值为取向的景观设计要加强方法和策略的研究，避免理论多于方法。

第三，景观生态研究的成果与景观设计的具体操作有一定的差异，对于生态景观设计的工程措施过分依赖会使景观设计向着错误的方向发展，因此，需要加强景观生态设计手法的研究和探索。

第四，不要单纯地只追求绿地率等基础的生态指标，要重视城市整体的生态系统健康，而不要只关注局部，更要抵制那些假借生态之名实际上却破坏大环境的生态平衡的景观设计。

第五，不断完善景观设计的评价体系，进一步地量化和细化景观评价方法使它能够更好地辅助景观设计，能够有效地沟通不同的专业领域和设计范畴。

4.景观中的生态系统

城市景观是自然生态系统、人类生态系统及社会文化系统共同构成的有机复合生态系统。任何一种景观都是有功能和结构的，在其内部会存在着物质、能量及物种的流动。在一个景观系统中通常会包含多个层次的生态关系：①景观与外部系统的关系；②景观内部各个元素之间的生态关系；③景观元素内部的结构与功能的关系；④生命与环境之间的关系；⑤人类与其环境之间的物质、营养及能量的关系。

三、自然生态系统与城市生态系统

生态系统指的是由地表各自然要素之间及与人类之间所构成的整体。自然生态系统指的是一定范围内的生物与其环境相互作用而构成的具有特定功能的有机整体，由生产者、消费者、分解者和无机环境四个基本成分构成。

生产者指的是无机物制造成有机物的自养生物，如绿色植物；消费者一般指的是直接或间接地利用生产者所制造的有机物为食物和能源的生物，它们的消费者以动物为主，如草食动物、肉食动物、寄生生物等。消费者按其取食的对象可以分为几个等级：草食动物为一级消费者、肉食动物为次级消费者（二级消费者或三级消费者）等。

杂食动物既是一级消费者，又是次级消费者。分解者指的是以动植物残体或排泄物为食物来源的异样生物，如细菌、真菌等。非生物环境为生物提供赖以生存的物质和能量及活动场所。它们相互作用形成结构完整的生态系统。而在生态系统中物理环境，如太阳、水、空气等及生产者和分解者都是不可缺少的组成部分，但是消费者有或者没有都可以。自然生态系统的基本功能包括生物生产、能量流动和物质循环，生物的存在和活动是生态系统功能能够实现的基本条件。

城市生态系统由自然系统、经济系统、社会系统等子系统构成。自然系统就是，如阳光、空气、水、植物、土壤等自然景观要素所构成的物质环境，它是城市居民生存的基本条件；经济系统包含工业、农业、交通、贸易、金融、科技等生产、分配、消费等环节；社会系统也就是城市居民的物质生活和精神生活等，从衣食住行到文化、宗教、艺术、法律等都属于社会系统。

（一）城市生态系统的特点

城市是一个高度人工化的环境，因此，城市生态系统与自然生态系统有很大的区别。

首先，生产者数量少，城市绿地系统是城市生态系统的生产者，但是现代城市的绿化程度通常不高，多则百分之二十少则百分之几。

其次，生产者的种类少，许多城市无论城市面积大小或人口多少，常用树种也只有几种。

再次，生产者的功能也有根本性的区别，自然生态系统中的生产者通常是消费者或分解者的食物、能量来源；然而城市生态系统中的生产者已经转变为了供城市居民的观赏及美化城市环境，已不再为消费者提供食物来源。

最后，生产者和消费者的遗体及排泄物不是由城市生态系统中的分解者来负责分解。

城市生态系统中的生产者、消费者和分解者之间相互制约的关系被切断了，从而使得城市生态系统有了开放性且容易受到干扰。人类的各种生产和生活活动产生的污染性废气本应该由生产者吸收，这些废气数量多、成分复杂，但是由于生产者的种类和数量不足，因此，不能够被完全吸收或无法吸收；同时人类活动产生的废水和废物不能由分解者进行分解并由生产者吸收，因此，城市中出现了环境污染。

（二）城市生态优势的取决因素

一个系统内包含着各种要素，各要素之间会相互联系、相互影响，同时系统本身会与外界发生资源、能量的交换，并通过这种交换使系统达到相对稳定。城市本身就是一个复杂的系统，城市的发展过程伴随着人类与城市系统之间不间断的控制与反控制。

每一个城市都是一个耗散结构，它每天依靠输入食品、能源、日用品、工业原料、商品同时输出产品和废物，在这种稳定有序的状态下，持续不断地发展。

由于城市生态系统不是一个自给自足的系统，需要依靠外在力量来维持，因此，它的自我调节能力比较脆弱。随着城市的快速发展，规模不断地扩大，越来越多的建筑代替了原来的绿色植物，使得本来就有限的空间变得拥挤狭小，土壤被水泥路面覆盖、工厂烟尘汽车尾气污染了空气和水源，城市的噪声成灾。城市发展依靠城市居民，城市的生态优势完全取决于人工调控，因此，城市居民也应尽力减少城市发展过程中产生的生态负面效益，使生态正面效益最大化。

四、城市景观生态设计

（一）城市景观生态设计的概念

从国内外景观生态设计的理论研究和建设实践来看，生态设计是一个包含多种含义的广泛的概念，目前尚没有统一公认的定义，参照西蒙·范·迪·瑞恩（Sim Van Der Ryn）和斯图亚特·考恩（Stuart Cown）（1996）的定义，任何与生态过程相适应，尽量使其对环境的破坏影响达到最小的设计形式都称为生态设计，就是把可持续发展的思想和生态学的相关原理运用到设计中去，从而能够更好地节约资源、净化环境、保护和利用自然生态。景观生态设计从本质上来讲，就是一种基于自然系统自我有机更新能力的再生设计。

一般认为，景观生态设计是城市景观生态建设中非常重要的一个环节，另外两个部分分别是城市景观生态规划及城市景观生态管理，它们对城市景观结构和功能的发挥都有十分重要的影响。

（二）国内外城市景观生态设计发展概述

1.西方城市景观生态设计发展概述

西方的景观设计起步较早，先后经历了规则式、自然式、现代主义、后现代主义等发展阶段。生态学理论产生后便不断地伴随着并影响着西方景观设计的发展，因此，从19世纪下半叶至今，西方景观生态设计事项先后出现了四种设计倾向。

（1）自然式设计

自然式设计注重通过植物和地形设计，从形式上模拟自然。18世纪工业革命之后，早期的城市化造成了城市人口十分密集，城市与自然相互隔绝，一些社会学家希望通过把自然引入城市从而达到改善城市环境的目的，当时中国的自然山水园林风格在世界范围尤其是欧美地区产生了极大的影响，因此，英国设计师吸取并效仿，逐渐形成了自然风景园林设计风格。19世纪下半叶美国的规划师和风景园林师奥姆斯特德（Frederick Law Olmsted），对这一园林形式极为推崇，他从生态的高度将城市引入城市。19世纪50年代，在美国曼哈顿规划之初，他就在其核心区域设计了长3 219 m、宽805 m的中央公园，中央公园是世界上最大的人造自然景观，被称为城市“绿肺”。同时，19世纪末，在波士顿的滨河地带设计了约20 km^2的公园绿地系统。这些目光长远的构想和设计有效地推动了城市生态的良性发展。

（2）乡土化设计

乡土化设计产生于美国南北战争结束后，并在美国的中西部蓬勃发展。乡土化设计展现了一种全新的设计概念，乡土化设计主张在景观设计中不应该仅仅是流行的形式和材料的简单重复，而是应该综合考虑当地的自然条件、社会条件及其他条件，并且要能反映出当地特色。乡土化设计的特点就是充分利用乡土植物展现地方特色，不仅成本低，并且对于生态环境的保护十分有效。

（3）保护性设计

保护性设计指的是通过合理设计减少对自然生态的破坏，外在看上去自然的设计实质上不一定具有生态性、科学性，进行保护性设计通常需要对区域的生态要素和生态条件进行科学的调查分析。保护性设计的优点在于它将生态学的理论应用于景观设计内，并向我们展现科学的设计观，即人类的生存与自然密切相关是自然的重要组成部分，人类的发展必然会对自然产生影响，因此，必须有效地降低人类对自然的伤害，担负起保护自然的责任。20世纪初，麦克哈格将这一理论不断发展，最终使景观生态设计进入了科学时代。

（4）恢复性设计

在设计中通过科学的手段来恢复已遭破坏的生态环境称之为恢复性设计。恢复性设计的诞生应归功于一些因“公共空间艺术计划”而跻身于景园设计行列的环境艺术家所创造的“生态艺术”。恢复性设计又被称为生态设计，在从生态保护的角度出发的恢复过程中，既保证城市景观的美学又能兼顾长远的植物景观效果，以生态性、效益性和可持续发展的原则，最终使景观既能满足生态恢复，又可以持续观赏。

近代以来，欧洲和北美发达国家对景观生态设计都有过深入的研究和实践。景观生态学的研究与发展为景观生态设计提供了强有力的理论依据，使景观设计有了更多发展空间和发展方向。纵观现代西方景观生态设计思想的发展，有两个明显的特点：一是景观设计师对社会问题、环境问题十分关注；二是景观设计师富有创新精神，勇于将创新的生态科技理论成果付诸实践。正因如此，西方景观生态设计思想才能迅速并不断发展。

2.中国景观生态设计概述

在中国古代时期就已经有了朴素的生态设计理念，当时的部分文人学者认识到了人与自然的密切联系。思想家老子在《道德经》里就曾写到“人法地，地法天，天法道，道法自然”。向世人揭示出了天、地、人三者虽有着内在的联系，但最终都要服从于不断变化的自然规律。《易经・说卦传》里也曾讲道：“润万物者，莫润乎水；终万物始万物者，莫盛乎艮。”短短几句道出了自然山水对人类的重要性，是一种朴素的生态观点。古人除在思想上的认知外，在实践上也曾有过一些成功的案例，如著名的都江堰工程。都江堰是中国古代的一项宏大工程。它的主体工程设计科学、布局精妙，综合发挥了分水、导水、壅水、引水和泄洪排沙的功能，形成了科学的、巧妙的、调控自如的工程体系，既满足了市区内居民用水基本需求，又有效地防治了水灾隐患。都江堰水利工程体现了人与自然的和谐共存。

近代史上，中国经济文化较为落后，绝大多数的城市和农村并没有把城市建设的目光聚焦在景观设计上。中华人民共和国成立之后，中国经济进入高速发展阶段，城市景观设计领域也获得了长足进步，尤其改革开放以来，大批外来的思想涌入我国，曾在中国的城市规划和景观设计领域出现一股“西方热”，照搬大量外国设计出现了许多欧式建筑、中轴对称的广场等。20世纪90年代以后，中国城市的生态环境问题日益突出，阻碍了城市的可持续发展。之后生态景观设计思想逐渐传入我国，但起初仅仅把重点放在植物群落的生态化研究上，生态设计并未得到重视，多数的景观设计仍由理论基础较差的设计师完成，单纯地把景观设计看成是城市规划和建筑设计的衍生品，尽管这些景观看上去增加了绿化面积，为城市居民提供了休闲娱乐的空间和清新的空气，但事实上，这样的设计却是需要大量的后期维护成本，无形中给城市生态环境也造成了一定的压力。随着我国经济的发展，对于生态设计理论研究的深入，同时不断地吸收借鉴国外的先进经验，我国景观设计领域正在逐步探索出更加适合中国的景观生态设计之路。

简而言之，目前我国生态设计的研究多集中于一些特定的领域，例如，雨水的循环利用、废水生态化处理、节能等技术。但是我国在园林景观行业中提倡生态设计大多停留在理论阶段，实践的案例较少，且应用还不够系统完善，缺乏系统的理论和技术，究其原因主要是以下三点：①生态技术不够成熟；②生态技术单一，不系统；③生态技术不标准，推广困难。不过我国政府目前已经充分意识到了生态设计的重要性，尤其是在最新提出的“十三五”规划中，首度将加强生态文明建设写入五年规划当中，更是明确地显示出我国对于生态环境的重视。

五、城市景观生态设计是建设生态城市的重要途径

景观生态设计通过对城市景观进行综合分析，提出城市景观优化方案，从而达到保护环境、资源利用、生态建设与城市发展的和谐共进。生态城市是城市发展的高级阶段，也是当前城市发展的方向和目标。建设生态城市就是指运用现代科技手段为人类创建一种可持续发展的人居模式，生态城市建设的目的是缓解城市化进程中出现的资源短缺、环境恶化等负面效应，从而保护城市生态环境，保证城市环境、自然环境与人类活动的和谐统一及良性循环。景观生态设计能够从根本上解决城市化进程中土地资源的利用从粗放到集约的转变，解决资源利用与环境保护之间的矛盾，因此，对于建设生态城市来说具有重要的意义，城市想要持续健康地发展，良好的生态环境是基础。景观生态设计通过对原有的景观要素进行优化组合及调整或构造新的景观格局，以增加城市景观的丰富性、层次性和稳定性，从而使人工景观与自然景观搭配和谐，保障城市的经济和生态效益。

第二章 地域性设计发展

第一节 国内外地域性设计的发展历程

一、国外地域性设计的发展历程

19世纪以来，工业文明的发展促成了现代主义建筑的诞生。随着技术产生的全球化，现代主义建筑在“第二次世界大战”后从欧洲走向世界，成为全世界建筑中通用的语言。20世纪60年代以来，伴随着“后工业”时代的到来，现代主义建筑给城市带来的千篇一律，逐渐引起人们对建筑的反思和对现代主义的怀疑。罗伯特·文丘里（Robert Venturi）在其著作《建筑的复杂性与矛盾性》中对清教徒式的现代主义建筑的批判及查尔斯·詹克斯（Charles Jencks）宣称的“现代主义建筑已经死亡”，都揭示出现代主义一元化的统治开始动摇。继而，后现代主义、解构主义粉墨登场，世界建筑进入一个多元化的时代。地域主义伴随着现代建筑的发展一直以其鲜明的地方特色和强烈的地方感情对抗着单一的“国际式”建筑，而且逐渐得到各地区建筑界的认同，因而有的建筑师宣称：“下一届国际式是文化与地区的特色。”建筑作为一种文化形态，折射出社会时代的变化，对建筑地域性的追求有其深刻的政治、经济、文化背景。

地域性的倾向很早就存在，但其最早的理论提出应追溯到20世纪30年代美国的刘易斯·芒福德（Lewis Mumford）。他把美国东部建筑师亨利·哈柏森·理查森（Henry Hobson Richardson）当时还不为人所知的作品解释为地域主义，称赞理查森的建筑批判地对抗了“专制”的学院派建筑，并提供了另一种选择，为其拒绝学院派，注重立面而坚持通过地域主义实现建筑的社会性而欢呼。“第二次世界大战”后，芒福德的地域主义理论集中在对根植于现代主义建筑运动的国际式批判，他提出了新的地域主义范例，即“现代主义的本土与人文形式”——加州海湾地域形式，认为这是东西方传统交汇的产物，远比30年代的国际式更具有通用性，因为它有地域适用性。芒福德的理论可以被看作是现代最早的地域主义建筑理论。

二十世纪五六十年代以来，现代主义建筑经过一段长时期的发展之后，由于现代主义建筑带来的种种问题，地域主义的思潮逐渐开始产生影响。公众厌恶了城市建筑的千篇一律，开始喜欢带有浓郁地方特色的乡土建筑，就连现代主义大师勒·柯布西耶（Le Corbusier）的风格在“第二次世界大战”后也发生了显著的转变。在二三十年代，柯布西耶强调建筑应该像工业一样标准化生产和建造，建筑师应该学习工程师，而在“第二次世界大战”以后，他则更多地强调建筑中感性的一面，从注意发挥现代工业技术的作用转而重视地方的民间经验。当然，所谓的转变只是相对于柯布西耶先前所宣扬的现代主义的建筑观，只是局限于采用地方材料和一些自由的建筑形体，还并不是完全意义上的地域性建筑。历史上最早进行地域性建筑的是北欧的一些国家，二十世纪二三十年代，北欧的工业化程度与速度远远落后于西欧等国，其政治、经济也比较稳定，因而在欧美流行一时的现代派建筑并没有对其产生太大的影响。北欧的建筑师平心静气地将外来的经验、技术与自身的地域特点相结合，形成了具有北欧特点的地域性建筑，其中以芬兰的阿尔瓦·阿尔托（Alvar Aalto）为代表的许多建筑师在这方面作出了自己的贡献。他们的设计手法主要是把现代建筑技术与当地地形相结合。同时期的日本，在度过了战后重建的困难期以后，建筑师在探求自己的地域性建筑方面也做了许多尝试，从而使日本的地域性建筑具有了一定的民族传统特色。日本这一时期的地域性建筑设计手法主要是把现代建筑技术与日本文化相结合。另外，第三世界的地域性建筑的表现在“第二次世界大战”后亦显得十分活跃，尤其是居住建筑设计取得了很大成功，像沙特阿拉伯、印度、摩洛哥等国家，在进行城市规划和建筑设计时，设计手法都特别考虑到当地气候和生活习惯，并取得了很好的效果。二十世纪五六十年代期间，地方性建筑更多的存在于一些较为封闭的国家或一些经济不发达地区。进入80年代后，地域性的倾向则越来越流行，从而在英国、美国、意大利等先进的工业国出现了越来越多的地域性建筑。这些国家的地域性建筑设计手法是利用类型学的理论找到建筑的原型，进行地域性建筑创作。这一时期，出于否定现代建筑而试图对建筑进行彻底革新的后现代主义异军突起。尽管后现代主义建筑的主张与地域性建筑有所不同，但后现代主义建筑对于建筑中借鉴历史样式和传统文化起了推波助澜的作用。从某种程度上说，后现代主义建筑的出现象征了某种必然性，即建筑与传统文化有机结合，是建筑生命力的源泉。

二、国内地域性设计的发展历程

1920年以后，中国第一、第二代专业建筑师的出现和商埠城市的快速发展，加快了中国近代建筑吸收西方先进建筑理论和技术的步伐。一大批留学国外的青年建筑师学成回国后，相继在上海、天津等地成立了设计事务所，开始承揽设计项目。由于当时留学欧美的中国建筑师主要接受的是西方学院派建筑的教育，因此，在这批中国建筑师的早期作品中，建筑设计手法带有明显的当时欧美建筑界流行的折中主义手法。

五四运动后，国内民族意识高涨，在政府大力提倡中国固有文化的大背景下，建筑领域开始出现以探索“中国固有形式”为特征的建筑潮流。这是中国建筑界对外来建筑文化进行“本土化”的一种积极尝试，本质上仍然是西方折中主义建筑思潮在民族形式上的一种延伸，即在建筑风格上采用中国传统建筑的局部形式或片段加以装饰，而建筑的内部空间及功能仍然按照现代的需求加以布置，从而造成了建筑功能与形式的脱节。“中国固有形式”也有不同的类型。一类是在纪念性建筑和政府建筑中占主导地位的对中国传统宫殿建筑形式的整体借用，如吕彦直设计的南京中山陵（1929年）；另一类是在普通民用建筑和商业建筑中常采用的以中国古典建筑式样作为符号加以装饰的做法，如杨廷宝设计的北京交通银行（1933年）。在这个阶段，地域性建筑使用的主要是纯粹符号化的装饰性设计手法。

从1949年到1979年，主要是现代主义思潮的传播与民族形式的反复：

①以中国传统大屋顶形式为基本范式的民族形式一直是公共建筑表现的主要形式，而模仿苏联建筑风格的古典形式虽在中华人民共和国成立初期的一段时间盛行，但随着中苏关系的破裂，这种形式从1960年初开始就逐渐受到排斥，没有成为建筑的主流。②在国民经济恢复和发展时期，大量生产性建筑的建造有力地促进了建筑技术的进步，而有限的经济能力也使强调功能、反对复杂装饰的现代主义思想得到广泛接受，并逐渐成为大量民用建筑的主流。③结合当地实际，因地制宜，不拘泥于某种特定形式的地方性建筑开始出现并发展。在这个阶段，地域性建筑处于一种弱势，发展缓慢。

从20世纪80年代至今，主要是国际流行趋势与地域文化的多元共存。对地域性建筑及其设计手法的探索，大致可分为三类作品：第一类是与特定重大历史事件相关的建筑，通过突出事件与特定地点、发生背景的密切关系而体现出作品的地域性；第二类是将某一地域的主要文化特征作为表现主题的建筑，由于作品功能与性质不同，既有对传统建筑形式的继承与再创造，又有独特新颖、以抽象形式表达地域特征的佳作；第三类是将地域性的自然、人文特征作为限制条件，以顺应场地自然条件、保持场地人文文脉延续为原则的一种方式。

目前，各地都在探索建设当地的地域性建筑，但是受经济环境的影响，建筑设计者较为浮躁，建筑的特色尚不明显。另外，中国加入世界贸易组织之后，外国建筑师进入中国建筑市场，占据了很大的市场份额。

我国的地域性建筑设计经历了一个由表及里、由普遍模仿引用向各具个性发展的过程。在建筑设计手法上，具体而独特的场所条件逐渐成为设计的主要依据和表现对象，而纯粹符号化的装饰性形式语言虽然仍是目前的主要设计手法，但建筑与场地独一无二的对应关系必然成为今后表现的真正目标，放弃对正统古典建筑形式的依赖而将注意力转向普通地方民居，是中国地域性建筑的一次进步，因为相对于几千年来已经形成的所谓“官式”建筑的固定模式来说，传统的地方民居能更真实地反映建筑与地域之间千丝万缕的联系，而有关建筑“神似”与“形似”的论争，则使建筑进一步摆脱了对具体形式的依赖——毕竟，传统的建筑形式、空间与现代建筑的功能、空间、技术及社会需求之间存在着巨大的落差。现代中国的地域性建筑必须重新寻找符合自己所处时代特征的表现语言和设计手法，而新技术和新的社会需求的出现、城市产业经济的变革、更加开放的视野和几代中国建筑师的经验积累，都将为未来中国地域性建筑及地域性设计手法的发展提供有力的支撑。

第二节　地域性设计理论基础

一、可持续发展思想

可持续发展思想产生的背景：工业革命以来，人们凭借手中的技术和投资，采取耗竭能源、破坏生态、污染环境的方式来实现片面的经济发展，使人类赖以生存、发展的环境和资源遭到越来越严重的破坏，人类已尝到了破坏环境所带来的苦果。1987年世界环境与发展委员会的报告提出“可持续发展”应当是一种“既能满足当代人的需要又不对后代人满足其需要的能力构成危害”的生活方式。随后，“可持续”的观念被世界各国的人们普遍接受，并由此带来了对人类发展各方面的关注，包括生态学、经济、政治、文化……全球范围内对环境问题的高度重视及对于生活和消费方式的重新反思，使得可持续发展的思想成为当今世界的一个强音。可持续发展的概念着眼于两个方面：第一，提供有益健康的建成环境；第二，减少能耗，保护环境，尊重自然。实际上，就是指这样的一种实践，它既利用天然条件和人工手段创造良好的、富有生气的环境，又控制和减少人类对于自然资源的使用，实现向自然索取与回报之间的平衡。

可持续发展思想与其说是一种理论定义，不如说它是基于更高层次、更为长远和整体的战略地位来看待人类生存发展与自然之间关系的主张和理想。可持续发展思想从单纯的自然生态观拓展到了自然、人文、经济相结合的整体环境观和复合的生态观念。复合式生态不再仅仅追求生物的多样性和环境的可持续，文化的多样性和经济的可持续也成为发展的目标。

从以上分析可以看出，生态建筑必然立足于地区特定的自然环境、人文传统和经济状况，实现社会、经济、环境三个效益的统一，这与前面所讲的当代“地域建筑”是“异曲同工”的，只是两者概念表述的角度不同。纵观中国建筑的总体，唯地域建筑倾向最有望成为探求可持续发展建筑的尖兵，而且肯定可以形成“中国特色”，因为它最接近绿色的自然世界，有更多突破点和引人入胜之处。

二、建筑文化学

文化包容了人类社会的各种智慧结晶的知识、行为和物质存在及凝结在这些存在中的思想意识蕴涵，当然也包括建筑及建筑文化学，是研究人类社会发展的各个时期、各个区域人类的思想意识、行为规范和行为结果及它们之间的关系和发展规律。从广义来说，文化是指人类社会历史实践过程中所创造的物质财富和精神财富的总和。所有建筑物的构成构件最早都是自然需求的结果，但随着人类文化的演进包含了人类的许多非本能的思维内容，也是人类已形成的某种思想意识支配下的结果。因此，凡是有人类的地方，就有文化存在，建筑文化与人类文明如影相随。人类生存于不同的地域所形成的建筑文化必然有所不同，如果以地域性差别的标准来划分建筑文化的话，也就存在不同的建筑文化类型。从建筑文化学的角度出发，文化可以填补人类对建筑研究的许多未尽之处。由于建筑是在对历史的继承和创新中不断推动和发展的，因此，没有对前人建筑传统的研究，很难对现代建筑的延续及未来建筑的走向作出正确的判断，而对于传统建筑理论的研究又无法绕行于对建筑文化的挖掘。脱离了精神内容，仅仅做建筑形式的研究就如同失去了“精气神”的躯壳，不再具有生命力。

三、建筑现象学

现象学原本出自20世纪埃德蒙德·古斯塔夫·阿尔布雷希特·胡塞尔（Edmund Gustav Albrecht Husserl）、马丁·海德格尔（Martin Heidegger）等人的哲学思想，后被克里斯蒂安·诺伯格-舒尔茨（Christian Norberg-

Schulz）借用为建筑现象学理论的基础，之后以美国建筑师斯蒂文·霍尔（Steven Holl）为其重要的代表人物。建筑现象学的观点积极倡导场所精神，有力地批判了现代主义抽象的形式与无环境、无地域的做法，并强调构造的现象学意义，成为建筑理论中将建筑与地域文化相融合的最重要的设计方法。它通过强调建筑的地域性而将社会性和文化性带回到设计中，关心社会、文化、历史和传统，研究、发掘传统历史中的类型和形态，重视建筑和场所之间的关系。从这层意义上，建筑现象学使现代主义建筑成了有意义的形式。而从建筑哲学角度上看，它关注人类的生活境界和生存态度而不是止于形式语言上的哲学思辨，既尊重文化传统，又体现现代建筑的时代特点。

四、建筑类型学

类型学的概念最早是从生物分类学转化引申而来，以生物学分类法为指导，以心理学研究成果为其认识论的来源。它实际上是一套“模型—类型—模型”，即从对历史模型的抽象中获取类型，并在类型指导下还原为新的模型的研究方法。建筑类型学是在20世纪中叶对现代主义运动的反思中提出来的，它经历了原型类型学、范型类型学两个阶段后，发展到了现在引入结构主义拓扑学哲学观的当代类型学。其代表人物是意大利建筑师阿尔多·罗西（Aldo Rossi）和美国建筑师克里尔兄弟（Rob Krier & Leon Krier）。建筑类型学通过对传统建筑类型进行总结，抽取出在历史中能够适应人类基本生活需要和生活方式的建筑形式进行概括、抽象，并结合其他建筑要素进行组合、拼贴、变形，或根据类型的基本思想进行设计，创造出既有历史意义又能适应人类特定的生活方式，进而根据需求进行变化的建筑。另外，类型学方法跨越了建筑尺度与城市尺度之间的鸿沟，揭示出建筑个体插入城市后的双重身份，即个体自身的表现力和建筑在城市脉络中的地位和作用。本着这种观点，建筑必然要与城市现存的历史空间形态有机地结合，反映文化传承，保持时空环境的连续性和独特性，使城市和建筑沿着具有广泛基础、符合地域性和文化特征的轨迹运行。

第三节　地域性设计基本方法

每一个地区的地域性建筑都有其独特的发展历程，这与地域文化发展的特性有密切联系。当前的建筑理论研究已经深刻认识到：借用传统地域建筑符号来表达地域特征的设计手法具有较大的局限性和理论上的肤浅，这也不是探索地域性建筑创作道路的最佳途径。现代建筑理论和建造技术的发展，为研究新的地域性建筑设计手法提供了条件，使人们能够从更高的角度去分析地域性建筑的本原及地域性建筑长期发展形成的地域技术思想，并将这种技术思想灵活运用到当前的建筑设计手法中。

一、结合地形、气候

传统建筑的形式、风格及群体组合方式源于其所处的自然环境及长期形成的生活习俗、宗教等人文因素。如果脱离了这些背景因素，建筑就失去了基本的文化价值和存在的根基，因此，建筑创作的地域性表现不能只停留在对传统建筑符号引用的层面上，而应在深入剖析当今城市文化和生活方式特征的前提下，针对当地的地形、气候等自然环境特点，提出与时代发展相符合的新的建筑设计手法。

建筑的地域性表现有形态和技术两个方面，不同的地理环境特征和技术条件是长期以来制约传统建筑形态的重要因素：较低的技术水准反而使建筑更真实地反映出场地的自然特征，从而使建筑与其所处场地形成唯一的对应关联性。形式追随功能是现代建筑的设计原则，而这也是传统建筑的建造原则之一。传统建筑形态的丰富多彩实际上源于对建筑功能和自然环境特征的真实反映，这种场地与功能需求正是当前建筑地域性设计手法的指导核心。

二、人文延续与发展

地域性建筑设计的人文延续与发展理念，就是要以历史和动态的观点来描述和分析地域建筑文化的特征，找出隐藏在各种建筑风格表象背后的、支持地域建筑成长和发展的稳定因素，并赋予其在当代背景下的新内容。首先，应认识到地域性建筑文化是一定区域内人与自然长期互动的结果，是人对自然的认识及人的生产、生活方式的物化体现，具有明显的实地性和实时性，即任何一种地域建筑文化都是在特定的人文环境和时代背景下的特定产物，对它的分析和借鉴不能脱离不同历史阶段的生产力发展水平、生活习俗、外来文化影响、宗教信仰等具体的人文因素。其次，任何文化发展都是新的时代需求促成的结果，地域性建筑文化的发展则有赖于新的社会需求及建筑技术的进步。新的社会需求及建筑技术的进步又促使人们不断创造能够适应这种文化的新的建筑形态和城市空间，从而不断为地域建筑文化赋予新的内容。创新是地域建筑文化发展的真正动力，而单纯的模仿只是对过去建筑文化形式的重复，并不具备积极的意义。最后，新的地域性建筑文化的产生，并不是对已经形成的地域性建筑体系的全盘否定和另起炉灶，而是通过不断地实践尝试，从原有体系中有选择地吸收符合时代需求的内容并加以完善或改进，使之成为与当前时代背景相吻合的文化景观的一部分。因此，地域性建筑文化的发展，是创新与继承并重的动态发展过程，创新是赋予其活力的源泉，继承则是保持地域性建筑文化特征的基础。任何地区的地域性建筑文化在不同时期都有各自的主要表现特征，但其内涵和深层结构则常常体现出连续性和一致性。

三、可持续发展

任何地区城市与建筑的地域特征都是在与自然环境互动的过程中长期演变、积淀的结果，而任何有发展历史的城市和建筑，也都像自然界的生态环境一样，有一个萌生、增长、更新乃至衰退的新陈代谢过程，今天的新建筑、新的城市空间就是未来城市历史的一个不可分割的组成部分。我国改革开放以来的经济高速增长和明显加快的城市化进程，在极大地改善城市功能的同时，却不得不面对两大新的挑战。首先是旧城区大规模、高强度的更新改造所带来的城市文脉的断裂甚至丧失。产业结构的调整和城市职能的改变是对长期形成的城市格局产生深刻影响的主要原因，而短时间内高效率的更新模式，虽然有利于加快城市的现代化进程，提升城市的机能，但也极易造成城市中许多具有传统地域特色的公共空间和建筑的消亡，使城市失去珍贵的历史文化背景和未来发展的精神支柱。其次是城市急剧扩展所带来的自然破坏和负面生态影响。人口过于集中在大中城市，迫使这些城市的规模在短时间内急剧扩大，而山地城市有限的土地资源和不断增长的土地需求，必然会使土地开发范围向城市边缘原有的自然山地拓展，由此带来的自然生态破坏必然会成为城市未来发展的隐患。为此，应以可持续发展的观念，建立从建筑单体到城市整体空间的系统化的长远发展为原则和手段，使城市的更新发展进入一个良性的生态循环，从而为将来提供更多的自然、文化和社会资源。

第四节　地域性城市设计结构

面对匆匆而至的21世纪，关于当代城市设计，尤其是国内设计学界还没有做好充分的思想准备。反映在城市设计的观念上，仍是单一的以环境空间和形体为目标的技术思维。同时，在学界出现了多种多样的设计观念，有理性设计、复古设计，有人文设计、生态设计，有理想主义、功能主义，还有唯美主义，等等。

一、现代城市设计的发展历程

现代城市设计是基于现代社会、现代生活的计划内容的设计，其决定因素包括现代社会标准、现代经济与市场、现代人的需求、现代技术条件、现代生产条件等几个基本因素，也包括表达方式的现代化及设计应用的新变化。现代城市设计是为现代人、现代经济、现代市场和现代社会提供服务的一种积极的活动。现代城市设计虽然发展时间不长，但其内在的思想目标、方法手段、价值准则、研究对象和实践基础等，随着时代的变迁已经发生了很大的变化。概括起来，现代城市设计的发展大致可分为三个阶段。

工业革命以来，现代城市设计逐步产生，从19世纪下半叶，工艺美术运动开始到20世纪20年代以前是第一代现代城市设计阶段。从总体上看，这一阶段贯彻的是“物资形态决定论”思想，其对空间环境产生的影响主要是视觉有序思想，遵循的价值取向和方法论系统基本上是建筑学和古典美学的准则，直觉感性多于科学理性。

第二代现代设计师在城市建设中遵循了经济和技术的理性准则，但仍信奉“物资形态决定论”思想和20世纪20年代“包豪斯”的设计理念，并用建筑师和精英的视角看待城市问题。他们采取利用砖瓦砂石和钢筋水泥在地面上做一定组合的空间环境的解决方法；把人居环境和城市看作是一座巨大的、高速运转的机器，注重的是功能和效率，在建设中体现最新科学和技术成果，而技术美学观念和价值体系由此产生。第二代现代城市设计发展到20世纪50年代末，其内在目标和方法论特点等又由于世界性社会发展的新特点而产生了新的完善和发展。总的来说，第二代现代城市设计满足了现代人居环境中的一些显而易见的现实需要，功不可没。后期提出应把设计对象放在包括人和社会关系在内的空间环境上，用综合性的环境来满足人的适居性要求，并且考虑了特定地点的历史文脉和场所类型，同时旁系学科，如心理学、行为科学、法学、系统论等都渗透到现代设计中。

20世纪70年代以来的第三代现代城市设计，即“绿色生态设计”，通过把握和运用以往现代设计中所忽视的自然生态的特点和规律，贯彻整体优先和生态优先的准则，力图创造一个人工环境和自然环境和谐共存、面向可持续发展未来的理想环境。为此，除运用第二代城市设计一系列行之有效的方法技术外，还充分运用了各种可能的科学技术，特别是生态学和景观建筑学的一些适用方法技术来实现这一目标。绿色设计更加注重设计地点的内在质量而非外显的数量；追求的是一种与“可持续发展”时代主流相一致的、适度、温和而且平和的绿色设计。

我国的现代城市设计现在处于第二代城市设计的前期，仅仅考虑到采取利用砖瓦砂石和钢筋水泥在地面上做一定组合的空间环境的解决方法。大多数城市设计还没有考虑到特定场所的历史文脉和场所类型，生态设计更是一种口号，没有实践。如果我国的现代城市设计按照西方现代城市设计的发展历程进行发展，将永远落在西方国家后面，所以我国应该根据具体国情发展现代城市设计，即发展地域性城市设计，以地域自然条件和人文条件特点为根本，把第二代现代城市设计后期的理论和第三代现代城市设计（生态设计）的理论结合起来。在现代城市设计中，既考虑特定城市的历史文脉和场所类型，又发展绿色生态城市设计。

二、地域性城市设计的具体内容

地域性城市设计是研究城市设计在自我更新和可持续发展过程中地域性特征的延续性，它主要包括的内容是在满足了现代生活中一些显而易见的现实需要基础上，将设计对象的重点放在包括人和社会关系在内的空间环境上，用综合性的环境设计来满足人的适居性要求，考虑特定设计对象的历史文脉和场所类型，并通过把握和运用以往城市设计过程中所忽视的自然生态的特点和规律，贯彻整体优先和生态优先的准则，力图创造一个人工环境和自然环境和谐共存、面向未来可持续发展的理想人居环境。因此，地域性设计的设计内容主要包括文脉与场所和生态设计两个方面。

（一）地域性城市设计中的文脉与场所设计

文脉和场所是孪生概念。每一个场所都是独特的，具有各自特征。这种特征既包括各种物质属性，也包括较难体验的文化联系和人类在漫长时间跨度内因使用场所而使之拥有的环境氛围。场所作为城市中最活跃的要素，是城市物质形态与人类活动重叠的产物，是对于城市的主体——人，最有意义的空间。场所理论由于将社会文化、城市发展和人对环境的体验和感知都作为城市设计的重要条件进行考虑，注重城市空间的社会意义和文化价值，与纯粹的物质空间分析相比有了很大的进步。城市设计就是挖掘整合城市文脉的过程。

场所—文脉的设计方法在处理空间和人的需要、文化、历史、社会和自然等外部条件的联系方面，比单纯的空间、形体分析方法前进了一大步。场所—文脉的设计方法主张强调设计与现存条件之间的协调，并将社会文化价值、生态价值和人们驾驭环境的体验与物质空间分析中的视觉艺术、时空比例等原则等量齐观。场所—文脉结构分析理论的设计思想主要有四个方面：①明确了单凭创造美的环境并不能直接带来一个改善了的社会，向“美导致善”的传统观念提出了挑战；②强调现代设计的文化多元性；③主张现代设计是一个连续动态的渐进决定过程，而不是传统的静态的激进改造过程——设计是生成的，而不是造成的；④强调“过去—现代—未来”是一个时间的连续统一，提倡设计者“为社会服务”，面对现实的职业使命感，在尊重人的精神沉淀和深层结构的相对稳定性的前提下，积极解决处理好环境中必然存在的时空梯度问题。

现代城市设计亦如人生，如果只是一味追求变化而放弃连续性，将导致不稳定，并且耗费巨大；如果试图维持连续性而不求变化，则可能会导致衰败和停滞。在变化与连续之间寻求平衡，在传统中获得创新，是辩证的历史观在现代设计中的反映。的确，现代城市设计不仅体现着自然和区域的特征，而且还是人类历史和文化的沉积与延续，其形体环境反映了过去的历史、经济、社会、文化、艺术、军事及交通等各种活动，表现了设计功能和时代价值观的变化。保护不同时代的历史建筑、街区与场所，让不同时代的人物、事件与场所在设计对象中留下烙印，是对人类文化的尊重与延续。不同的地域有着不同的文物古迹和历史地段，保护历史其实质就是保护设计对象的地方特色、场所精神与文化资源。现代城市设计要让历史文化资源从被遗弃的角落重新登上现代设计的光彩舞台，注入生命与新活力，与现代环境和建筑共同构建亮丽的风景，并发挥出文化与经济的效益。

（二）地域性城市设计中的生态设计

当今的地球已经相当脆弱，水土流失、地力下降、气候变暖、能源危机、环境污染、臭氧层破损、生物多样性失衡等，都威胁着人类的生存。善待自然和可持续发展，已成为人类共同的选择和唯一的出路。因此，地域性城市设计内容包括生态设计。生态设计指将生态学运用到设计中，结合自然，设计一种包含人及人赖以生存的社会和自然在内的、以舒适性为特征的多样化空间。

设计结合自然思想包括两个方面的含义：一是保护环境、维护生态平衡的理念，即人对环境的干扰和影响不能超出环境容许的范围；二是人地共生的思想，即人与环境不仅要共生，而且要共荣，人与自然必须共同发展、建设。并非原始的自然就是最合理、最理想的。人类应按照自然规律，发挥人的主观能动性，将环境建设的更利于人类的生存和发展，更利于自然的发展和演化。

（1）保护环境、维护生态平衡的理念

自然景观的利用是构成设计特色的重要因素。构成空间的设计可以抄袭，但一定地域的自然景观则是难以模仿的，它具有永恒的魅力。为此，应珍惜上天赋予的自然特征并加以充分利用和组织，在进行城市设计时，要根据设计对象不同的自然条件，充分利用江、河、海、山、湖泊等自然资源，让这些自然资源从背面走向正面，将这些自然资源结合城市道路、广场、公园、绿地形成体系，使之成为设计形态的“骨架”——在此意义上，我们确信有特色的设计是可生而不可造的。为此，在设计特色形成过程中，要坚持两个观念。

①人与自然关系观。这种观念将自然当作像人一样的伙伴来尊重其应有的价值和权利，而不是只承认自然仅拥有满足人的需要、实现人的目的的工具性价值。人类作为自然的伙伴，必须认识到，为了维持自己的生存，人类不仅具有享用自然资源的权利，而且具有维护自然的持续生存和健康发展的义务。

②整体自然观。这种观念抛弃那种合理的大地利用只局限于经济利用的传统思路，转而考察每一个伦理学和美学方面什么是正当的问题，也考察经济方面什么是有利的问题。当事情趋向于保护生物共同体的完整、稳定与美丽时，它就是正确的；当事情趋向相反的结果时，它就是错误的。

具体做法包括：重视对设计地段的地方性、地域性的理解，延续地方场所的文化脉络；增强适用技术的公众意识，结合建筑的功能要求，采用简单合适的技术；最大范围内使用可再生的地方性材料，避免能耗；针对当地的气候条件，采用被动式能源策略，以可持续发展的理念推动新的建筑形式的产生。传统的天人合一的建造观念及工艺的原始性，使地域性建筑达到了一定的生态性，但因技术落后和效率低下而不易于推广。只有科学的方法才能满足高效的节能。因此，地域性设计的延续应利用高新技术，在建造的整个生命周期内达到全方位的低能耗，使设计真正成为改善未来的一种途径。

（2）地域性设计的人地共生理念

首先，强调城市的发展不能脱离自然、经济、社会、人地系统而独立存在，只有以生态持续为基础，以经济持续为条件，以社会持续为目标，才能保证地域性城市创作体系的完整性和动态适应性。在创作过程中，只有保持和尊重城市及城市建筑所在环境的自然属性，并将之作为创作手段和目标之一贯穿设计的全过程，才能促成城市建筑与环境的长期协调与融合，并因此产生新的地域性特征。其次，在人类社会不断发展的背景下，不能单纯地依靠传统地域建筑原有适应环境的方式来解决当前的问题。由于人所具有的主观能动性，人们可以通过技术进步不断创造城市及城市建筑与环境协调共生的新途径。最后，地域性城市设计，必须立足于维护生态平衡的思想，既考虑人类社会的人工建造行为不超越自然生态环境所能容许的极限，又考虑在不断更新发展的过程中，保持人类社会结构和经济结构的延续与和谐，保护地域文化的多样性与特殊性，并最终实现自然、社会、经济三方面的可持续发展。

地域性城市设计是根据中国国情的现状所提出的现代城市设计的新观念，是地域性设计理论在现代城市设计层面上的体现。近年来，我国各级政府对现代城市设计和现代城市环境品质的重要性有了越来越多的关注，有关加强城市地域性文化和城市地域生态方面建设的主张和建设实施亦越来越多。不难预料，有了这样的共识与思想基础，地域性城市设计将会成为我国城市设计的发展趋势，展现充满生机的发展前景。

第五节　地域性建筑研究的对象和层次

建筑作为人类抵御自然侵害的手段之一，从其产生开始就是人类文明的一个重要部分，具有地域差异性、继承性、系统性等基本文化特征。传统的地域文化由于地理上的隔绝，一直处于稳定和相对封闭的发展环境中。不同的自然地理条件决定了基本的生产、生活方式，并进而影响到人类文明的发展历程及社会组织方式，是早期人类文明的基本决定因素。在进入近现代的工业化时代以后，随着技术的进步、全球性交流的日益频繁和人们生活方式的改变，地区性的文化传统开始被一种以工业化生产为特征的流行文化趋势所代替，地区文化间的差异性开始被削弱甚至消失，失去了自身的可识别性和人们对其特殊文化的心理归属感。在建筑领域中，文化的趋同现象随着20世纪现代主义建筑的兴起和扩张而逐步全球化。然而，当人们面对世界各地相似的城市面貌和国际式建筑风格时，开始重新意识到建筑地域性的重要性。

一、地域建筑研究的范围及对象

在我国建筑界的理论研究与创作实践中，地域性作为创作多元化的一种手段，在建筑物的地域性研究方面已有许多有益的探索，成绩斐然，但全面的地域建筑研究的对象范围很广，从单栋的建筑到局部的城市地段，如建筑组群、城市广场、城市景观、公共中心、居住中心、步行街、公园乃至宏观的整个城市。这里把地域化创作分成三个层面：大尺度上，是建筑与城市在自我更新和持续发展过程中地域性特征的延续性及城市景观的地域性；中尺度上，是建筑群体所形成的城市空间的地域性表现；小尺度上，是建筑自身的地域性表现。

二、城市地域性特征的延续性及城市景观的地域性

城市，作为一种让市民过文明生活的场所，是文化的容器，也是重大行为和表现人类高度文化的戏剧舞台。纵观我国的城市发展史，不同的地缘景观、人文传统、社会经济等因素逐步发展成独特的地域特征和文化积淀。随着全球化和城市化进程的加快，地域文化的多样性和特色逐渐衰微消失；城市和建筑物的标准化和商品化致使建筑特色逐渐隐退；建筑文化和城市文化出现趋同和特色危机。要解决这一迫在眉睫的现实问题，应该从整个城市的地域性特征的延续性考虑。

城市地域性研究的工作对象主要是城市的建成区，着重研究城市总体规划前提下的城市形体结构、城市景观体系、开放空间和公共性人文活动空间的组织，包括市域范围内的生态、文化、历史在内的用地形态、空间景观、空间结构、道路格局、开放空间体系和艺术特色乃至城市天际轮廓线。从整个城市市区考虑，处理好各区片之间、各建筑群之间的空间关系，处理好主要道路、广场相互之间及其与周围环境的关系，具体研究市中心地区或某些重点街道的建筑风格、空间尺度和如何利用自然条件体现城市特色，必要时还要对有代表性的标志性建筑物的位置、风格等提出要求，以在地面进行各类活动的人作为设计主体，从静态和动态两方面的视觉要求对城市景观的环境空间做出具体安排，特别要注意体现对自然环境和历史文化环境的保护。

构成城市地域性特色的要素主要有自然环境、地域文化、城市风貌和城市职能等方面。任何城市都是在特定的自然环境和地域文化背景中生长起来的，城市中的地与物都深深印记着各个历史时期城市自然环境变迁和地域文化变迁的足迹。城市中许多有价值的历史的印记就像是生命的足迹，是生长的资源，是财富，是宝藏，是特色。自然环境和地域文化是构成城市特色最内在、最持久的基本要素，是城市特色形成的基石。以城市空间特征、建筑风格为主体的城市风貌及其以产业发展为基础的城市功能，是城市内在特色的外在物质表现形式，是基于城市自然环境、地域文化的“上层建筑”，同时是城市个性最直接、最易被感知的表现要素。

在研究城市地域性特征时，要考虑以下几点。①每个城市都有各自不同的特色和不同的城市性质。性质不同，城市的环境特色、建筑形象、文化氛围也不同。城市地域性特征研究要反映这种城市性质差异带来的环境特点。②城市规模的大小也会有不同的地域性特征。例如，小城市应强调城市的亲切、舒适、文化内涵和适居性，大城市的地域性特征要追求文化多元、社会开放及国际形象。③城市的发展方向和经济能力要直接或间接地反映到城市的地域性特征上。④做好生态调查，并将其作为城市地域性的重要参考。

城市的重大工程建设应该注意保护自然景观格局和生物多样性，以及由此引起的城市景观形态的变化。在自然环境中，山、水、植被、土壤、河流、海岸及人工修建的道路等都有自己的布局系统，是城市地域性必须关注的领域。

三、建筑群体所形成的城市空间的地域性表现

建筑群体主要涉及的对象为城市中功能相对独立的和具有相对环境整体性的街区；目标是基于城市整体的地域性，分析该地区对于城市整体的价值，为保护和强化该地区已有的自然环境和人文环境的特点和开发潜能，提供并建立适宜的操作技术和设计程序。街区是伴随着城市的发展历程、城市文化的变迁而保存下来的活的见证，是体现城市传统特色乃至地域文化特色最直接有效的样本。街区的研究对象主要是历史街区和新街区。

城市中的历史街区往往保存了相对集中、完整和具有较高文化价值的历史遗存，反映出城市结构、历史格局和城市肌理，展示了某一历史时期的典型地域文化风貌及历史记忆和发展脉络。历史街区是某个时期社会风俗和生活方式的缩影，承载着城市的历史印记与信息代码，其深厚的文化底蕴构成了城市个性面貌的活力源泉，蕴涵的精神意义及人文关怀更增添了城市的温情与气质。历史街区的概念强调整体性保护，不仅重视物质遗存的保护，而且注重历史环境的延续性。

继承传统文化，其保护对象不局限于重要的历史建筑物，还包括了民居、村落等更广泛的内容。近年来，学界也针对历史街区保护课题进行了积

极的探索和尝试，吴良镛先生认为："面临席卷而来的强势文化——西方的建筑文化，处于弱势的地域文化如果缺乏内在的活力，没有明确的发展方向和自强意识，没有自觉的保护与发展，就会显得被动，有可能丧失自我的创造力与竞争力，淹没在世界文化趋同的大潮中。"而且，他还通过北京菊儿胡同整治项目倡导"有机更新"的理念，表达了一种尊重地方文化精神的积极性探索实践。

目前，历史街区更新与整治大多通过创造性的模仿与克隆，发展为视像趋同与功能同构。具体地讲，城市更新设计陷入一种概念炒作的幻景，有历史文脉的城市想复活商业，有经济实力的城市想进行时尚突围。缺乏文化内涵发掘和系统性开发前期论证与实施方案的遴选，往往以浮躁和低俗的设计手法粗暴地剖开城市的历史，表现速食文化特征，最终留下疮疤与反思。因此，对于旧城街区的保护，要顺应其变迁的自身规律，从保持文化延续性，保持其内在活力的立场出发加以引导，实施有机更新式的改造。将传统城市街区与生活整体保护下来，对城市地域性文化的延续无疑是最为真实生动的。德国和英国的许多城市都以保护历史街区取胜。

同样的，新建设的城市街区，是一个与现今社会经济能力相适应的较大规模的改造过程，也应该在相应的尺度上体现有机更新的策略：以城市的总体风貌特色和场所精神为出发点，通过从规划、城市设计到建筑设计的分级控制，保持城市发展脉络的连续性，延续其固有特色。要延续街区中的场所精神，就是实现街区的空间结构与当地的人们所认同的日常生活行为的结构相一致。这种"生活的结构"实际上又是一种人的生活中文化濡染、习得的结果，它正是在当地千百年来人与栖居空间的互动中形成的，因此，其空间与行为结构上的一致性正是地方特色作为一个有机整体的表现。尤其是城市中普遍性的居住街区，延续了空间类型所体现的这种场所精神，也就是延续了城市的文化特色。

四、建筑自身的地域性表现

建筑自身的地域性表现，已从单纯的建筑造型引用民族符号发展到现代建筑技术和形式与建筑场所特有的文化结合在一起，使建筑体现自然特性；用先进技术和工艺创造富有时代感的建筑为中心的发展方向。

注重建筑的场所精神是现代建筑自身的地域性表现设计理念的一个重要内容。现代建筑技术和形式与建筑场所特有的文化结合在一起，以时代与场所、技术与自然为主题的建筑设计理念，使建筑与自然协调统一，尊重传统，注重场所精神。正是由于重视场所精神，技术、结构及构造、节点对于地域性建筑的意义，因文化、历史、文脉等因素的介入而获得了新的意义，所以使许多地域性作品反映出了很强的场所特性。

用先进技术和工艺创造富有时代感的建筑，同时使建筑体现自然特性，是地域性建筑设计理念的又一重要内容。现代地域性建筑常用某种方式与周围的自然环境相适应，把建筑建到自然中，或对环境进行美化，让室内外植物及千变万化的自然光线渗透开来。例如，意大利建筑师伦佐·皮亚诺（Renzo Piano）建在位于热那亚城外威斯玛的联合国教科文组织工作室，顺着地形的倾斜坡度紧贴在陡峭的山崖上。明媚的阳光透过大面积玻璃顶洒入室内，地中海美丽的自然景观渗透到建筑的每个角落，使建筑与大自然有机地融为一体，使建筑总是显得那么开放、透明和光亮。

对于地域性建筑，不仅要研究建筑物本身的地域性，而且要从更大的范围来考虑，从整个街道整个城市来关注，还应兼容相互对立的元素，开放地面对外部环境，并始终保持积极的、活动的、发展的状态，实现自身的良性循环，这样才能针对现代的危机来构建新地域建筑系统。

第三章 道路生态景观设计

第一节 城市道路生态规划设计概述

一、道路景观序列理论

景观序列是指连续空间景物的组织系列，是自然或者人文景观在时间、空间及景观意趣上按照一定的次序排列使得景观空间能够层层深入地展开。道路景观作为一种线性三维景观空间，能够将不同的景观相连接从而形成道路景观的总体印象成为连续的道路景观序列。道路景观序列可以使人产生一种累积的强化效果，也是景观的视线走廊。

道路景观序列的组成形式可以参考一般园林景观序列，但是考虑到道路景观空间线性的特点，通常情况下，道路景观序列可以视其长短将道路景观分为2段、3段或者多段。如果道路景观空间过长可以在确定全段景观序列的前提下，在每一段景观中针对该段进行进一步的景观序列处理，也可以称为子序列，这是一种嵌套式的景观序列模式。

道路景观序列犹如一首悠扬的乐曲，有起有落，富有变化的韵律美。其主要由前导、高潮及结尾组成，一些复杂的景观序列会多一些序景、发展、转折等部分。前导的主要功能是将观赏者带入景观环境空间当中。摆脱外部环境的干扰，把注意力集中到特定的景观氛围带动人们的观赏欲望。高潮部分往往规划设计的是最重要和最具有主题特色的景观，也是道路景观序列中最为突出的部分。结尾部分的主要功能是使观赏者在体会到前期的高潮之后，留有一定想象思考和回味的空间，逐步调整观赏者先前激动热烈的心态，不至于戛然而止。

二、道路景观色彩效应

色彩具有情绪效应。色彩可以代表或者反映出一定的情调，即给人带来冷暖感、轻重感、兴奋感和沉静感等。作为一种沟通形式它通过视觉神经传入大脑形成一系列的心理反应。冷色有一种收紧的冷静的感觉；暖色有一种热烈的奔放的感觉；古典建筑常用颜色有一种典雅的感觉；现代色彩有一种朝气的活泼的感觉。这些反应会直接或间接地影响着人的行为活动。不同的景观色调不仅能够带来不同的感知，还能够区分出不同路段的景观印象。在道路景观设计上利用这种心理反应能够丰富人们在景观中的感受，并且起到充当安全标识的作用用来警示人们。

色彩具有空间感。有时色彩会给人带来视觉错觉，会比实际情况前进或后退、膨胀或收缩，这就是色彩的空间感。暖色纯色、强对比色、大面积色等会产生前进、膨胀的错觉，相对的其他色彩带来的错觉则相反。在城市道路景观设计中，色彩空间感主要运用在植物种植配置当中，以求增加景观层次感。冷色调的树种是良好的背景树的选择，而暖色、色彩鲜艳的树种作为前景树能够得以突出，与背景树形成鲜明的对比从而拉开景观层次。

色彩具有动态感。暖色调热烈，动态感较强；冷色调宁静，动态感较弱。在城市道路景观设计中动态感强的暖色系植物适合配置在重要节点位置，而在平缓的路段则适合配置动态感弱的冷色系植物，以求主次分明，突出景观重点。

色彩自身也具有一定的内涵，有着地域性的特点。每个城市都有着独特的色彩体系来体现自己的文化气质。例如：盛唐时期的长安追求华贵、崇尚佛教，热衷于艳丽的大红和亮绿；古希腊人喜欢在建筑和雕塑上用明亮的色彩绘制图案，岁月更迭我们现在看到的古希腊建筑往往呈柔和的白色，构成城市的主色调。城市在不同的文化习俗的背景下会产生喜好的色彩形成城市特有的色彩。城市道路景观的色彩与城市色彩是紧密结合的，会涉及气候、植物、建筑、人文习俗等。具体的体现有道路节点广场、城市道路标志的固定色彩与道路标识道路城市家具、雕塑小品的多样色彩，这两类色彩构成了道路景观的色彩体系。

三、道路景观生态学

道路景观生态学是指运用生态学和景观生态学的原则来研究和处理道路、车辆与周围环境之间互相作用的一门科学探讨的对象，涉及由道路建设而引起的植被、野生动物、水生态系统、风及大气效应、水流、沉积物、化学物质等问题，整合了交通工程学、水文学、野生生物学、植被等知识，目的是实现道路、车辆与生态环境的可持续发展。

1987年发布的《交通建设项目环境保护管理办法（试行）》促进了道路交通建设中气水声污染的治理及防治；1996年发布的《公路建设项目环境影响评价规范（试行）》规定了项目需对环境、生态噪声、水环境影响进行评估；1998年发布《公路环境保护设计规范》引导环保型的道路规划设计；2003年交通运输部通过《交通建设项目环境保护管理办法》。另外，中国公路学会专门成立了公路环境与可持续发展分会，开通专门网站发行《道路环境保护》杂志（2007年合并为《交通建设与管理》）。通过查阅大量文献，以及对我国道路生态景观建设的思考，总结出以下两个方面的建设措施，可有效地将生态原理在道路建设中合理地实施。

一方面，道路的建设应该从线形改善、场地选线构造形式等方面涉及生态的概念。为了避免通过生态敏感地和损害栖息地，首先应该做好该地的环境调研和环境评估。

另一方面，针对道路与周围环境的生态措施。不管是城市的还是乡间的道路，路面经过雨水的冲刷会有很多污染物质渗透到雨水中，如果这些污染的水体排入自然之中就会产生不良的影响，降低整个环境的水质，因此，应该协调好道路与水体之间的关系。另外，临水的道路建设将会对该水域产生巨大的影响，甚至整个当地的水生态系统都会遭受影响，解决的办法是通过桥架的方式经过该水域的水面或者在水陆接近处保护好滨水的生物多样性，以及整个水陆的生态完整性。协调道路与山体的关系，减少道路对山体自然肌理和原有森林形态的损害。减少山体径流与道路路面雨水径流对山体土壤及结构层的冲刷。利用护坡生态修复技术积极修复边坡，协调道路与野生生物关系，建设符合当地野生动物习性的生物通道及在沿路设置警示标识防护措施。以确保野生生物自由安全地通行。同时在道路工程建设和维护管理的时候应尽量减少扬尘、灯光、噪声、水体污染等对野生动物生存环境的干扰。

四、地域文化设计元素范畴

地域文化是景观设计的重要创作来源，可以给设计者提供大量的灵感与素材；与此同时，景观设计也在推动着地域文化的发展，两者相辅相成。地域文化元素是地域文化中的符号，是地域文化景观设计中应用最多的内容。

地域文化设计元素大致可以分为：自然环境元素、人文环境元素和社会环境元素三种。自然环境元素是特定地域内人们赖以生存的必要自然生存条件，是地域文化元素中最为直观的，包括气候、动植物、地形地势等。在城市道路景观设计中，自然环境元素是设计的背景与基础，要合理地利用与保护，设计构思上应因地制宜，追求可持续发展，回归生态，将道路景观与周边自然景观相结合。人文环境元素包含着一个地区的历史建筑、历史传说、风土人情、饮食文化等，这构成了一个城市的性格与底蕴，是道路景观地域性设计的核心设计元素，只有在充分深度挖掘和理解的基础上，才能自然融入景观中。社会环境元素包括社会经济水平、社会价值观念、社会产业布局等。由于各个地区的资源、交通条件、教育水平的不同会产生不同的特色经济和世界观、审美观。在道路景观设计中，应用社会环境元素不仅可以起到旅游宣传的作用，也可以提升地域性景观的文化内涵。

以上三种设计元素是相辅相成的。自然环境元素是人文环境元素和社会环境元素的基础；人文环境元素、社会环境元素是自然环境元素的升华，更是地域文化差异性的本质体现。

五、道路景观地域特色的构成要素与应用分析

1.自然要素

自然要素在城市道路景观设计的过程中有着非常重要的位置，独特的地

形地貌给一个地区带来了明显的可辨别性，其中自然气候、环境土壤等都是道路建设的首要考虑因素。

2.城市元素

雕塑、道路、建筑、标志物等这些城市元素都是构成地域特色的基本因素。以上所说的地域特色的相关元素在该地域都有着不同的作用，在它们的构成之下，这些区域所形成的独具特色的道路成为城市中一道亮丽的风景线。综上所述，可以发现这些珍贵的文化元素、地域特色是该地区在发展的过程中经历了很长时间的积淀遗留下来的宝贵财富，是必须保护、发展、弘扬的地域形象。

3.历史文脉

已经融入人们生活中的历史文脉展现了该地区的生命力，因此，形成了该地区的独特的地域特色。在道路建设的过程中，历史的文脉，以及当地的特色是这里最好的宣传片。这些古迹不仅仅是历史发展的遗产，也是人类发展遗留的瑰宝，所以我们需要尽最大的可能好好保护这些资源，使这些历史瑰宝可以保留和继续发展下去。

六、城市街道景观

（一）城市街道景观的界定

如果说街道空间是城市空间的重要组成部分的话，那么街道景观空间就是城市空间中最富有生气、活力和最动人的空间形态。城市街道景观空间容纳了城市生活中最丰富的内容，因而最能反映城市的文明程度，体现城市的特色，城市街道景观所具有的这种特点为其他城市景观元素赋予了丰富的人文背景和景观衬托，创造出独有的意境。

城市街道景观既包括体现城市历史、文化、自然风貌的风景道路景观，也包括类似于清明上河图中所反映的城市生活性场景道路景观，如商业步行街、小街巷等，我们所探讨的城市街道景观的概念既包括前者的风景道路，也包括类似后者城市生活性场景道路，它是城市居民“生活的院子”“留下记忆空间的场所”，是城市物质景观和人文景观集中的体现，无时无刻不向人们展示城市的魅力，讲述着城市的文化与精神。试想，如果一个城市的街道景观空间形态风格独特、清洁优美，市民生活在其中愉悦而舒适，那么这个城市给人的印象是繁荣安定、高度文明的。相反，一个环境脏乱、人员混杂、人情冷漠的城市将使人远远地避开它。

（二）城市街道景观的类型

街道是城市居民的主要公共活动空间，不同的城市街道在市民的社会生活和文化生活中所起的作用各不相同。由于城市结构组成与交通运输的错综复杂，很难以单一的标准来分类，因此，城市街道的分类要综合考虑分类的基本因素，还应结合城市性质、规模及现状来合理划分。通常情况下根据街道在城市活动中的地位、功能和作用，可将城市街道分为快速路、主干道、次干道和支路；根据街道两边的用地性质可以将城市街道分为商业型街道、居住型街道、行政办公型街道、金融贸易型街道、混合型街道等。

我们在这里主要研究的是城市街道的景观设计文化问题，因此，可以考虑从城市街道景观特征这一角度来划分城市街道的类型。我们将城市街道划分为：具有观光意义的街道，具有生活意义的街道，具有商业意义的街道，具有交通意义的街道四大类型。

1.观光街道

（1）历史古街

每个人都有无法忘记伴随自己童年的那条小街，历经岁月的沧桑，如今那条小街已经变成了斑驳的古街，而古街的故事却依旧在我们身边流传，街口老奶奶的家常菜和小伙伴争抢的麻辣烫，无不让我们回想起那条古街和那个童年。古街、往事、童年，如今那条家乡的古街已延伸到我们的眼前……

随着充满地域特色的历史街道（区）渐入人们的视野，历史文化街道（区）的保护和开发也成为各地关注的重要课题。

这里首先要明确历史文化街道（区）的概念：历史街道（区）是具有真实延续的生命力，能较完整地体现某历史时期的风貌和地方民族特色的地区。它们具有以下基本特征。

①历史街道（区）具有永续利用的动态性和社会生活的真实性。

②历史街道（区）内环境风貌保存完整统一，能反映当地某时期的历史风貌特色，有较高的历史价值。

历史街道（区）内反映历史风貌的组成要素，包括建筑物、构筑物、道路、河流、山体、树木、院墙等，要求基本上都是历史原物。

（2）公园及风景区街道

公园及风景区街道不仅仅是公园和风景区的内部通道，具有交通性，而且也是游人娱乐、散步、休憩的重要绿色公共空间，是公园和风景区景观的重要组成部分，园区道路应该成为体现公园和风景区景观、历史文脉的宜人的公共空间环境。

2.生活街道

（1）传统居住区街道

对于曾经在传统居住区生活的人来说，“胡同”这个词应该不会陌生，尽管今天胡同已经无法满足城市交通运转的要求，在城市的改造中，许多胡同被拓宽，许多胡同已湮没在高楼大厦之中。但胡同作为一种世界上独一无二的城市特色，却将永远载入历史。胡同在城市交通上的作用类似人的毛细血管，但传统的胡同已经超越了简单的交通功能，成为周围居民交往活动的重要空间，而耐人寻味的胡同文化，也让人回味无穷。

（2）现代居住区街道

对于生活在现代化居住区的人来说，小区内的街道也相当重要，它不仅是小区内的交通通道，承担着小区的内部交通功能，而且也是小区内各组团之间的居民进行交往和联系的通道，并且街道景观也在整个小区的景观中起到重要的作用。

小区内的街道景观也可以称之为带状公共绿地景观，不仅具有生态性、认知性、识别性的特点，也越来越注重其文化品位的挖掘，国外做得比较好的有印度的昌迪加尔模式道路景观，国内有南京江宁的文化名园内街道景观、上海的锦绣花园园区道路景观等。

3.商业街道

（1）商业步行街道

商业步行街道应该说是近些年城市中涌现的一类城市景观，因为随着城市化进程的加快，原来意义上传统的商业街道已经不能满足人们的需求了。商业步行街道的出现，很好地缓解了人流和车流的矛盾，并且商业步行街的尺度也逐渐变大，甚至往往和城市的广场、街头绿地连接在一起，也是游人对该城市留下深刻印象的景观元素之一。

（2）金融商贸街道

金融商贸街道是指具有金融商贸意义的街道，在现代都市中特别是大都市中对整个城市景观的构成起到重要的作用之一。它展现给大家的是它独特的金融商贸气息，街道两侧鳞次栉比的建筑景观。

4.交通街道

具有交通意义的街道的首要功能是交通，其次是视觉景观形象问题。而景观的主要载体应该是街道两侧的带状绿地了。现代条件下，人们对城市道路绿地景观也提出了更高的观赏要求，期望更多高质量、高品位、高档次的绿地空间。因此，努力提高道路绿地景观的文化品位，体现该城市的特色风貌，也成为现代城市景观设计师所研究的课题之一。

（1）高速公路

城市道路绿地景观所包含的内容是极其丰富的，绿地植物是必不可少的组成要素，不仅发挥着巨大的生态调节功能，也是体现文化气息的重要载体；高速公路沿途的自然风光也是展现城市文化风貌的不可或缺的方面。高速公路的景观比较简洁，除路面外，只有当中的分割带和道路两侧有一定宽度的绿化带。相比较国外发达国家的一些高速公路景观设计得非常成功，如美国通往拉斯维加斯的高速公路景观、法国高速公路沿途景观等。

（2）国道

国道是指具有全国性政治、经济意义的主要干线公路，包括重要的国际公路、国防公路、连接首都与各省、自治区首府和直辖市的公路，连接各大经济中心、港站枢纽、商品生产基地和战略要地的公路。国道的道路景观，一般来说也是作为交通性道路的景观欣赏，人们往往是坐在飞驰的车内看出去，有较快的速度，这种现代快速观赏，一般要求大尺度的景观。

（3）一般性道路

一般性的城市交通道路是指具有中心城市和主要经济区的公路，以及不属于国道的省际的重要公路。景观一般除了道路、行道树绿化，还有人行道。此外，多姿多彩的环境小品设施和街头绿地也可适当点缀一些。

（三）城市街道景观的构成

1.静态景观要素

静态景观要素包含自然景观要素和人工景观要素两部分。

（1）自然景观要素

每个城市或多或少的都有一些得天独厚的自然条件，或山或水或风景名胜，街道景观线形布置结合这些自然资源，会使其环境更加优美，同时加深人们对城市的印象。街道景观的自然景观要素包含道路线形（地形、地势）、水体、山岳和季节天象等。

（2）人工景观要素

构成街道环境的人工景观要素实际上通常是所说的街道空间的构成元素，直接影响着街道空间的形象与气氛，构成城市街道的人工要素大致可以分为：建筑、路面、道路交通设施和街道小品。

2.动态景观要素

街道景观同其他的景观有所区别，它是一个动态三维空间景观，具有韵律感和美感，街道把不同的景点结成了连续的景观序列，使人产生一种累积的强化效果，同时街道本身又成为景观的视线走廊。

（1）交通景观要素

交通景观通常应当具备三个方面的功能：交通功能、环境生态功能、景观形象功能。其中首先要满足道路的交通功能；其次，结合街道两侧及其周边地带的环境绿化和水土保护来发挥街道的环境生态作用。在满足这两方面的基础上，才有可能创造出良好的景观形象。也就是说，街道景观中的“景观”不仅仅只是考虑视觉的狭义景观，而是连带交通、环保和周边土地开发建设、经济发展、历史文脉、旅游资源等因素的广义的景观。

（2）人的活动要素

在城市街道景观设计过程中，首先应认真考虑作为设计对象的街道都有哪些人类活动存在，因为人们在街道上的各种活动是设计的前提条件。

设计的对象若是繁华的街道，那么应以街道上经常聚集的众多行人为前提。人是街道景观的主要角色，必须将行道树和沿街建筑物细部处理好，以满足行人对街道景观的要求。

（四）城市街道景观的特性

在通常人们的表达和理解中，城市街道和道路并没有严格的定义区分，然而仔细推敲街道与道路两词的使用，联系英语中的street和road，都会发现它们虽然同为交通空间但有着明显的区别。作为道路，更多的是指主要为线性交通需要提供的道路用地及其上部空间。而街道则不然，是供人们穿越、接触及交往的空间，是营城建屋后留下来的空间，它除承担一定交通职能外，还包括多种城市功能，为两侧建筑和设施所围合的城市线性空间，是城市公共生活活动最频繁的场所。在街道上的生活活动多数呈面状分布，且经常与线性交通产生交叉干扰。街道是生活性的，其两侧可以布置各类公共建筑、住宅等人流活动频繁的设施。

1.街道是一种交通空间

（1）街道是城市道路路网的一部分

街道的基本功能之一是作为运输通廊，同时作为城市开放空间的因素和城市景观点的联系物。交通与城市的布局形式、活动的组织、城市的外贸和功能等是紧密联系在一起的。对于现代城市道路而言，交通功能是其最主要的功能。街道景观作为城市景观系统的主要的联系纽带，又具有极其重要的景观功能。同时城市街道是从形态上划分了城市结构的主要因素之一。

（2）街道要满足交通技术的要求

城市中往往有些街道在日常生活当中主要承担着交通运输功能，这些街道通常与城市重要出入口相连，连接各个城市功能区，同时连接一些重要的城市设施，满足各功能区之间的日常人流和物流空间转移的要求，是城市中重要轴线之所在。

2.街道是一种线性空间

街道作为“线状”空间，其特征是“长”，因此，表达了一种方向，具有运动、延伸、增长的意味。在城市中街道表现和支持的最基本功能是联系与交通，由于其连续性的空间形态，对于形成城市整体景观特色具有重要作用。从空间形态特征上讲，街道构成城市的“架”，表明了城市基本的结构形态。

（1）区段与节点

①区段。街道是以一条线的形式存在的，而城市中的街道的封闭性很强。城市街道的周边布置着大量的建筑物，人行道与车行道之间还种植着成排的高大乔木，这使路面与其两边的边界所围成的空间，就很容易形成一种封闭感。

②节点。城市中的节点主要是由道路的交叉口所组成，交叉口在一组道路中具有全局的意义，两条路的节点，反映了道路的局部结构和形式。节点必须明确、清楚、肯定，无论从功能上还是视觉上，都应重视用路者的心理特点，以免使用路者失去方向，对其在形象上造成混乱。

（2）线的方向性与序列性

①方向性。城市中的街道比其他道路的导向性要差，所以对于城市街道的方向性要有明确的界定，要特别引人注目，一般观察者认为道路有一个方向，并以其终点来识别。在街道上活动是沿着某一个方向、明确的终点、沿线的变化，以及方向感使观察者得到一种前进感，方向性通过街道的连续性体现处理。

②序列性

A.主旋律组成：街道——广场——街道——广场——街道。

B.次旋律组成：城市主干道——次干道——广场——次干道——主干道。

C.辅助旋律组成：街道——园林庭院一道——园林庭院一道。

以上三种空间序列可以相互组合，使景观街道平面和立体空间形态曲折有致，空间收放流畅自如，有张有弛，街道与建筑相映衬，绿化配小品更迷人，使景观大道更完美、亲近、感人。

3.街道是城市公共空间

（1）街道是城市公共空间的重要组成

城市公共空间：城市中最易识别、最易记忆、最具活力的部分主要是城市的公共空间，同时是一个城市社会、政治、经济、历史、文化信息的物质载体，是城市实质景观的主体框架。这里积淀着世世代代的物质财富和精神财富，它们不时地传达着所蕴含的高价值信息，是人们阅读城市、体验城市的首选场所。尤其是街道，凯文·林奇（Kevin Lynch）将街道列为城市意象的要素之一，因为街道是城市的骨架和脉络，其他实质景观常常沿着街道布置并且展开。

（2）街道作为城市公共空间的作用

城市的街道是一个城市最具有活力的公共空间之一。为了更好地满足街道功能上的要求，丰富城市生活，突显城市特征，应该重视街道设施的景观设计。优化配置街道设施，提高其实用性、艺术性和地方性，塑造出人性化、个性化的街道空间。

城市街道空间分布广，容量大，对城市环境质量和景观特色有着极为重要的作用。现代城市街道空间具有多层次、多含义、多功能、立体化等特点，往往集人们的交往、休闲、游乐、购物、餐饮、教育、健身、文化活动等于一体，是人们的活动需求的场所，同时也是一个城市社会、政治、经济、历史、文化信息的物质载体。

第二节　基于绿视率的新建城市道路绿化设计

一、城市道路生态绿地规划设计的原则与功能

（一）城市道路生态绿地规划设计的基本原则

1.道路绿化应符合行车视线和行车净空要求

（1）行车视线的要求

①全视距。驾驶人员在一定距离内随时看到前面的道路及在道路上出现

的障碍物迎面驶来的其他车辆，以便能当机立断地及时采取减速制动措施或绕越障碍物前进。这一必需的最短通视距离，称为安全视距。

②交叉口的视距。为保证行车安全，车辆在进入交叉口前一段距离内，必须能看清相交道路上车辆的行驶情况，以便能顺利地驶过交叉口或及时减速停车，避免相撞，这一段距离必须大于或等于停车视距。

③停车视距。指车辆在同一车道上，突然遇到前方障碍物，而必须及时刹车时，所需的安全停车距离。

④视距三角形。由两相交道路的停车视距作为直角边长，在交叉口处所组成的三角形，称为视距三角形。视距三角形应以最靠右的第一条直行车道与相交道路最靠中的一条车道所构成的三角形来确定。

为了保证道路行车安全，在道路交叉口视距三角形范围内和内侧的规定范围内不得种植高于最外侧机动车车道中线处路面标高1 m的树木，使树木不影响驾驶员的视线通透。

（2）行车净空要求

道路设计规定在各种道路的一定宽度和高度范围内为车辆运行的空间，树木不得进入该空间。具体范围根据道路交通设计部门提供的数据确定。

2.保证树木所需要的立地条件与生长空间

树木生长需要一定的地上和地下生存空间，如得不到满足，树木就不能正常生长发育，甚至死亡，不能起到道路绿化应起的作用。因此，市政公用设施与绿化树木的相互位置应统筹安排，保证树木所需要的立地条件与生长空间。但道路用地范围有限，除安排交通用地外，还需要安排必要的市政设施，如交通管理设施、道路照明、地下管道、地上杆线等。所以，绿化树木与市政公用设施的相互位置必须统一设计、合理安排，使其各得其所，减少矛盾。

3.道路绿化应最大限度地发挥其主要功能

道路绿化应以绿为主，绿美结合，绿中造景。植物以乔木为主，乔木、灌木、地被植物相结合，没有裸露土壤。

道路绿化的主要功能是遮阴、滞尘、减噪，改善道路两侧的环境质量和美化城市等。以乔木为主，乔木、灌木、地被植物相结合的道路绿化，地面覆盖好，防护效果也最佳，而且景观层次丰富，能更好地发挥道路绿化的功能。

4.树种选择要适地适树

树种选择和植物配置要适地适树，并符合植物间伴生的生态习性。树种选择要符合本地自然状态，根据本地区气候、栽植地的小气候和地下环境条件，选择适于在该地生长的树种，以利树木的正常生长发育，抗御自然灾害，最大限度地发挥对环境的改善能力。

道路绿化为了使有限的绿地发挥最大的生态效益及多层次植物景观，采用人工植物群落的配置形式时，植物生长分布的相互位置与各自的生态习性相适应。地上部分：植物树冠、茎叶分布的空间与光照、空气温度、湿度要求相一致，各得其所。地下部分：植物根系分布对土壤中营养物质的吸收互不影响，符合植物间伴生的生态习性。

5.保护好道路绿地内的古树名木

在道路平面、纵断面与横断面设计时，对古树名木应予以保护。对现有的有保留价值的树木应注意保存。

6.根据城市道路性质、自然条件等因素进行设计

由于城市的布局及地形、气候、地质和交通方式等诸多因素的影响，形成不同的路网。设计时要根据道路的性质、功能、宽度、方向、自然条件、城市环境，乃至两侧建筑物的性质和特点综合考虑，合理地进行绿化设计。

7.应远近期结合

道路绿化很难在栽植时就充分体现其设计意图，达到完善的境界，往往需要几年、十几年的时间。所以设计要具备发展观点和有长远的眼光，对各种植物材料的形态、大小、色彩等的现状和可能发生的变化，要有充分的了解，待各种植物长到鼎盛时期时，达到最佳效果。同时，道路绿化的近期效果也应重视。尤其是行道树苗木规格不可过小，快长树胸径不宜小于5 cm，慢长树胸径不宜小于8 cm，使其尽快达到防护功能。

8.应有较强的抵抗性和防护能力

城市道路绿地的立地条件极为复杂，既有地上架空线和地下管线的限

制，又因人流车流频繁，人踩车压及沿街摊群侵占毁坏等，人为破坏和环境污染严重；再加上行人和摊棚在绿地旁和林荫下，给浇水、打药、修剪等日常养护管理工作带来困难。因此，设计人员要充分认识到道路绿化的制约因素，对树种选择、地形处理、防护设施等各方面进行认真考虑，力求绿地自身有较强的抵抗性和防护能力。

9.应符合排水要求

道路绿地的坡向、坡度应符合排水要求，并与城市排水系统结合，防止绿地内积水和水土流失。

10.创造完美的景观

道路绿化要符合美学的要求，处理好区域景观与整体景观的关系。道路绿化的布局、配置、节奏、色彩变化等都要与道路的空间尺度相协调。

（二）城市道路生态绿地的功能

1.环境保护功能

随着城市机动车数量的不断增加，噪声、废气、粉尘、震动等对环境的污染也日趋严重。加强对道路绿化的比重和合理配置，保证必要的建筑间距是改善城市环境的有效措施之一。

（1）净化空气

道路上粉尘污染源主要是降尘、飘尘、汽车尾气的烟尘等，绿地中的灌木通过叶面积和降低风速的功能，把道路上的粉尘、烟尘等截留在绿带之中和绿带附近，即使是树木落叶期，其枝丫、树皮也能滞留粉尘。草坪的作用也很显著，地被植物的茎叶也能吸附粉尘，防止二次扬尘。同时，利用植物吸收CO_2和SO_2等有毒气体，放出氧气的作用，可以不断地净化大气。

（2）降低噪声

随着现代工业、交通运输等的发展，城市中工业噪声、交通噪声、生活噪声等对环境的污染日益严重。据有关部门调查，环境噪声的70 %～80 %来自地面交通运输。加大道路绿带的宽度和合理配置形成绿墙，可以大大降低噪声。

（3）调节改善道路小气候

道路绿化对调节道路附近地区的温度、湿度、降低风速都有良好的作用。当道路绿地与该地夏季主导风向一致时，可将市郊的清新空气趁风势引入城市中心地区，为城市的通风创造良好的条件。

（4）保护路面和行人

不同质地的地面在同样日光照射下的温度不同，增热和降热的速度也不同。例如：当树荫地表温度为32℃时，混凝土路面温度为46℃，沥青路面温度为49℃；中午在树荫下的混凝土路面温度比阳光直射时低11℃左右。所以，炎热的夏季在未绿化的沥青路面上，不仅行人感到炎热，路面也会因受日光强烈照射而受损，影响交通。道路绿化遮阴降温，可阻挡夏天强烈日晒，降低太阳辐射，以利行人，还可保护路面，延长道路使用年限，有利交通。

2.安全功能

①在车行道之间、人行道与车行道之间、广场及停车场等处进行绿化，可起到引导、控制人流和车流作用，组织交通、保证行车速度，提高行车安全等作用。在交通岛、中心岛、导向岛、立体交叉绿岛等处常用树木作诱导视线的标志。

②道路绿化可以防止火灾蔓延。树体含有大量水分，能使燃烧减缓，另外植物也可以使风速减低，减弱火灾的扩大。

③北方地区，冬天大风将大雪吹到道路上，会造成交通障碍。因此，常在道路两侧结合行道树种植防雪林。

④道路绿化有助于增强道路的连续性和方向性，并从纵向分隔空间，使行进者产生距离感。

⑤高大的树木可将一元化的空间一分为二，对空间起到分隔作用，同时通过绿化可以使视线汇聚。

⑥战时可起到伪装掩护的作用，行道树的枝叶覆盖路面，不但利于防空、掩护，还可以用来掩护和伪装军事设备。

3.景观功能

①城市的面貌首先是人们通过沿道路的活动所获得的感受，一个城市的园林绿化给人的第一印象也是行道树。所以，道路绿化的优劣对市容、城市面貌影响很大，现代城市高层建筑鳞次栉比，显得街道狭窄，由于绿化的屏障作用，可减弱建筑给人的压抑感。从色彩上讲，蓝天、绿树均为镇静色，可使人心情平静。

②植物是创造城市优美空间的要素之一，利用植物所特有的线条、形态、色彩和季相变化等多种美学因素，以不同的树种、观赏期及配置方式形成浓郁的特色，配合路灯、候车亭、果皮箱、座椅、花坛、雕塑等，形成丰富多彩的街道景观，美化街景，美化城市。

③道路绿地可以点缀城市，烘托临街建筑艺术。利用树木自然柔和的曲线与建筑物直线形成对比，显示建筑物的阳刚之美。同时，可以隐丑蔽乱，将影响街景和市容观瞻的建筑物、构筑物进行屏隔。沿街建筑物新旧不一，形体尺度、建筑风格等往往不够协调，而整齐有序的、枝叶繁茂的行道树能提供视觉统一，有的还能形成一种独特的街景风格。

4.增收副产品功能

在满足道路绿化的各种功能要求的前提下，根据各地的特点种植果树、木本油料植物、用材树等，增收副产品，可取得一定的经济效益。

5.其他

路侧绿带、林荫路、街旁游园等还可弥补公园的不足，满足沿街高层住宅居民渴求绿地的需求。

除以上五种功能外，绿化带还可作为地下管线、地上杆线埋设的用地和道路拓宽发展的备用地带。在绿地下铺设地下管线，维修时能避免开挖路面而影响车辆通行。

二、城市道路生态绿地的总体规划设计

（一）道路系统规划要求

城市道路系统指城市范围内不同功能（如交通性道路、生活性道路

等）、等级（如快速路、主干路、次干路和支路等）、区位（如货运道路、过境货运专用车道、商业步行街等）的道路，以及不同形式的交叉口和停车场设施，以一定方式组成的有机整体。

在编制城市总体规划时，应根据城市功能分区和城市交通规划的要求，规划设计城市交通干道网。在此基础上制定主要道路断面和交叉口的方案等。道路网是城市布局的骨架，规划设计的优劣直接影响城市建设、生产、生活各个方面。城市道路系统设计要注意以下几个方面。

1.满足和适应交通运输发展的要求

首先要考虑城市用地功能分区和交通运输的要求，使城市道路形成主次分明、分工明确、联系便捷，能高效地组织生产，方便生活的交通运输网。道路在功能性质上应有所侧重，适应交通规划所提出的交通性质、流量、流向特点，做到人车分流、不同性质的车辆交通分流，提高整个道路系统的通行能力。例如，将过境货运车辆安排在城市边缘地区或外环干道通过，避免穿越城市中心地区。在市中心商业文化服务设施集中地区，规划设计安排商业街、步行街，禁止货运车辆穿行等。

2.节约用地，合理确定道路宽度和道路网密度，充分利用现状

干道的数量及其分布要满足交通发展的需要，同时应注意结合城市现状、规模、地形条件、经济能力等，尽可能有利于建筑布置、环境保护，并考虑战备、抗震的规定。通常用道路网密度作为衡量经济的指标。城市道路网密度是指道路总长与所住地区面积之比依道路网内的道路中心线计算其长度，依道路网所服务的用地范围计算其面积。城市道路网内的道路指主干路、次干路和支路。

道路网密度大，有利于交通便利、节省居民出行时间和通行能力，但密度过大，会加大道路建设投资及旧城改造拆迁工作量。目前，中国一些中小城市道路网过密而且路幅又窄，这不利于提高建筑层数和间距，不利于道路绿化，浪费了城市建设用地，又无助于提高道路通行能力。在旧城改造时应注意放宽路幅，降低道路网密度。

3.充分考虑地形地质等因素

充分结合地形规划道路的平面形式，充分考虑地质条件有利于地面水的排除。还应注意尽可能少占农田、菜地，减少房屋拆迁工作量等。

4.考虑城市环境卫生要求，有利于城市通风和日照良好，防止暴风袭击等

主要道路走向应有利于城市通风和临街建筑物获得良好日照。例如，在南方城市宜平行于夏季主导风向，而北方尤其位于干旱寒冷、多风沙的西北地区，为了减轻冬季常有的大风雪和风沙的袭击，干道走向宜与大风主导风向有一定偏斜角度，并在城市边缘布置防护林带。从日照要求来看，道路的朝向最好取南北和东西的中间方位，并与南北子午线成30°~60°的夹角，既适当考虑到日照，又便于沿街建筑的布置。

5.便于道路绿化和管线的布置

设计干道走向、路幅宽度、控制标高时，要适应远期绿化和各种管线用地要求。尽可能将沿街建筑红线后退，预留出沿街绿化用地。要根据道路的性质、功能、宽度、朝向、地上地下管线位置、建筑间距和层数等统筹安排。在满足交通功能的同时，要考虑植物生长的良好条件，因为行道树的生长需在地上、地下占据一定的空间，需要适宜的土壤与日照条件。

6.满足城市建设艺术的要求

道路是城市的交通地带，与城市自然环境、沿街主要建筑物、绿化布置、地上各种公用设施等协调配合，对体现城市面貌起着重要作用，因此，对道路设计要有一定的造型艺术要求。通过路线的柔顺、曲折起伏；两旁建筑物的进退；高低错落的绿化配置及公用设施、照明等来协调道路立面、空间组合、色彩与艺术形式，给居民以美的享受。

（二）道路绿地率指标

道路绿地率是指道路红线范围内各种绿带宽度之和占总宽度的百分比。

道路绿化用地是城市道路用地中的重要组成部分。在城市规划的不同阶段，确定不同级别城市道路红线位置时，根据道路的红线宽度和性质确定相应的绿地率，可保证道路的绿化用地，也可减少绿化与市政公用设施的矛盾，提高道路绿化水平。

《城市道路绿化规划与设计规范》对道路绿地率有如下规定。

1.园林景观路绿地率不得小于40 %

园林景观路是指在城市重点路段，强调沿线绿化景观，体现城市风貌、绿化特色的道路。正是因为需要绿化装饰街景，所以对绿化要求较高，需要较多的绿地。

2.道路红线宽度大于50 m的道路绿地率不得小于30 %

道路红线大于50 m宽度的道路多为大城市的主干路，因为主干路车流量大，交通污染严重，需要较多的绿地进行防护。

3.道路红线宽度在40 ~ 50 m的道路绿地率不得小于25 %

4.道路红线宽度小于40 m的道路绿地率不得小于20 %

20 %是道路绿地率的下限，既要满足交通用地的需要，也要保证道路有基本的绿化用地。

（三）道路绿地布局与景观总体设计

道路绿地是指道路及广场用地范围内的可以进行绿化的用地。道路绿地分为道路绿带、交通岛绿地、广场绿地和停车场绿地等。

1.道路绿地的总体布局

首先是确定道路绿地的横断面布置形式，如设几条绿带，采用对称形式还是不对称形式。在城市道路上，除布置各种绿带外，还应将街旁游园、绿化广场、绿化停车场及各种公共建筑前绿地等有节奏地布置在道路两侧，形成点、线、面相结合的城市绿化景观。其次还要考虑与各种市政设施有无矛盾。

道路绿地布局要遵循《城市道路绿化规划与设计规范》的如下规定。

①种植乔木的分车绿带宽度不得小于1.5 m，主干路上的分车绿带宽度不宜小于2.5 m；行道树绿带宽度不得小于1.5 m。

②主、次干路中间分车绿带和交通岛绿地不得布置成开放式绿地。

③路侧绿带宜与相邻的道路红线外侧其他绿地相结合。

④人行道毗邻商业建筑的路段，路侧绿带可与行道树绿带合并。

⑤道路两侧环境条件差异较大时，宜将路侧绿带集中布置在条件较好的一侧。

道路两侧环境条件差异较大，主要是指道路两侧光照、温度、风速和土质等与植物生长要求有关的环境因子差异较大。将路侧绿带集中布置在条件较好一侧，可以有利于植物生长。

2.景观总体设计

景观设计是城市设计不可分割的部分，也是形成一个城市面貌的决定性因素之一。

城市景观构成要素很多，大至自然界山川、河流湖泊、园林绿地、建筑物、构筑物、道路、桥梁，小至喷泉、雕塑、街灯、座椅、交通标志、广告牌等，景观设计要满足功能、视觉和心理等要求，将它们有机地组合成统一的城市景观。

城市园林绿地是城市景观的重要组成部分，是一种人工与自然结合的城市景观，可以起到塑造城市风貌特色的作用。城市园林绿地是以各类园林植物景观为主体。植物品种繁多，观赏特性丰富多样，有观姿、观花、观叶、观果、观干等，要充分发挥其形、色、香等自然特性。作为景观的素材，在植物配置时从功能与艺术上考虑，采用孤植、列植、丛植、群植等配置手法，依据立地条件，从平面到立面空间创造丰富的人工植物群落景观，将自然气息引入城市，渗透、融合于以建筑为主体的城市空间，丰富城市景观，美化城市环境，满足城市居民回归大自然的心理需要。

道路是一个城市的走廊和橱窗，是一种通道艺术，有其独特的广袤性，是人们认识城市的主要视觉和感觉场所，是反映城市面貌和个性的重要因素。构成街景的要素包括道路、绿地、建筑、广场、车和人。道路、桥梁、广场自身的线性、造型美，道路外观的修饰美。具有特色的道路绿化，可以体现城市的绿化风貌和景观特色。人们对道路栽植行道树的要求已由从属于交通提高到道路景观、绿地景观、城市景观的位置。

在城市绿地系统规划中，应确定园林景观路与主干路的绿化景观特色。园林景观路是指在城市重点路段，强调沿线绿化景观，体现城市风貌与绿化特色的道路，是道路绿化的重点。因具有较好的绿化条件，应选择观赏价值较高、有地方特色的植物，合理配置并与街景配合以反映城市的绿化特点与绿化水平。

主干路是城市道路网的主体，贯穿整个城市，应有一个长期稳定的绿化效果，形成一种整体的景观基调。植物配置应注意空间层次、色彩的搭配，体现城市道路绿地景观特色和风貌。

同一条道路的绿化宜有统一的景观风格，不同路段的绿化形式可有所变化。同一条道路的绿化具有一个统一的景观风格，可使道路全程绿化在整体上保持统一协调，提高道路绿化的艺术水平。道路较长，分布有多个路段，各路段的绿地在保持整体景观统一的前提下，可在形式上有所变化，使其能够更好地结合各路段的环境特点，丰富街景。

同一路段上的各类绿带，在植物的配置上应注意高低层次、绿色浓淡色彩的搭配和季相变化等，并应协调树形组合、空间层次的关系。使道路绿化有层次、有变化，不但丰富街景，还能更好地发挥绿地的隔离防护功能。

毗邻山、河、湖、海的道路，其绿地应结合自然环境，突出自然景观特色。在以建筑为主体的城市空间，单调、枯燥的人工环境中，山、河、湖、海等自然环境在城市中是十分可贵的，毗邻自然环境的道路，要结合自然环境，并以植物所独有的丰富色彩、季相变化和蓬勃的生机等展示自然风貌。

人们在道路上经常是运动状态，由于运动方式不同，速度不同，对道路景观的视觉感受也不同。因此，道路绿化设计时，在考虑静态视觉艺术的同时要充分考虑动态视觉艺术。例如，主干道按车行的中速来考虑景观节奏和韵律；行道树的设计侧重慢速；路侧带、林荫路、滨河路以景观为主。

将道路这一交通空间赋予生活空间的功能。道路伴随着建筑而存在，完美的街道必须是一个协调的空间，景观设计中注意街景周围的自然景色、文物古迹；道路两侧建筑物的韵律；与道路两侧橱窗的相呼应；还应注意各种环境设施，如路标、垃圾箱、电话亭、候车廊、路障等。在充分发挥其功能的前提下，在造型、材料、色彩、尺度等各方面均需精心设计。城乡接合部道路交叉口、交通岛、立交桥绿岛、桥头绿地等处的园林小品、广告牌、代表城市风貌的城市标志等均应纳入绿地设计，由专业人员设计、施工，形成统一完美的道路景观。

（四）树种及地被植物选择

树种选择关系到道路绿化的成败。树木生长的好坏、快慢、寿命长短等关系到绿化效果及绿化的效应是否能充分发挥。

1.树种选择的基本原则

道路绿化应选择适应道路环境条件、生长健壮、绿化效果稳定、观赏价值高和环境效益好的植物种类。

城市道路环境受到许多因素的影响，恶劣的自然环境包括：土壤不仅体积有限，而且干旱瘠薄，多砖、石等建筑废料；城市排出的污水、污物，如含盐的污水、油垢、汽油等；夏季干旱的风、辐射热，冬季的寒冷和由建筑物引起的隧道效应使之变强的干旱风等；空气中的臭氧、二氧化硫、盐雾、灰尘、煤烟等有毒气体，这些都会影响树木的正常生长。除恶劣的自然环境外，建筑与市政施工、车辆、行人等的人为破坏有时也是严重的。选择树种时，首先要掌握各种树木的生物学特性及其具体栽植位置的环境，找到与之相适应的树种，做到识地识树才能做到适地适树。

由于道路环境差异很大和道路性质不同，对绿地功能要求复杂多样。所以，要求道路绿化的树种和配置也相应多样化。因此，道路绿化树种选择应以乡土树种与已引种成功的外来树种相结合。这样，既能体现地方风格，又能美化城市，满足道路绿化多功能要求。

寒冷积雪地区的城市分车绿带、行道树绿带种植的乔木，应选择落叶树种。因为落叶树种冬季落叶后，减少对阳光的遮挡，能提高地面温度，使地面冰雪尽快融化。而常绿树则因生长慢、分枝点低、夏季遮阴面小，尤其是冬季遮挡阳光，造成不良效果。在沿海城市要选择抗海潮、抗风的树种。

2.行道树树种选择

行道树是道路绿化的主要组成部分，道路绿化的效果与行道树的选择有紧密的联系。行道树应选择根深、分枝点高、冠大荫浓、生长健壮、适应城市道路环境条件且落果对行人不会造成危害的树种。

选择根深的树种，避免暴风雨时倒伏；注意选择根系不会抬高人行道或堵塞地下管道的树种。

冠大荫浓的树木在夏季能使车行道和人行道上有大片的荫凉，减免日晒之苦；同时其滞尘、减噪、防风等效果更佳。

选择生长健壮、不因速生和材质软而增加管理投入的树种。

行道树绿带自身面积不大，两侧是道路基础和城市管线，土质差、施肥少。所以行道树树种应选择具有在瘠薄土壤上生长的能力，耐干旱、干风和在高强度反射的阳光下叶片不变褐、不枯焦。

为增加行道树色彩，种植观花和观果树种时要选择引人注目但不脏乱、无恶臭或刺激性气味、不污染环境、不污染行人衣物、落果不致砸伤行人的树种。

为了保证道路行车净空的要求，不遮挡道路两侧交通标志、交通照明及和架空线的距离等安全美观要求，行道树要经常进行整形修剪。

中国大百科全书《建筑·园林·城市规划》卷中对行道树树种选择提出如下10项要求：①树冠冠幅大，枝叶密；②耐瘠薄土壤；③耐修剪；④扎根深；⑤病虫害少；⑥落果少，没有飞絮；⑦发芽早，落叶晚；⑧耐旱，耐寒；⑨寿命长；⑩材质好。

余树勋先生介绍的国际上选择行道树的10条标准：①发叶早、落叶迟、夏季绿、秋色浓，落叶时间短、叶片大而利于清扫；②冬态树形美，枝叶美，冬季可观赏；③叶、花、果可供观赏，且无污染；④树冠形状完整，分支点在1.8 m以上，分支的开张度与地平面形成30°以上，叶片紧密，可提供浓荫；⑤大苗好移植，繁殖容易；⑥能在城市环境下正常生长，抗污染，抗板结，抗干旱；⑦抗强风、大雪，根系深，不易倒伏，不易折断枝干及大量落叶；⑧生命力强，病虫害少，管理省工；⑨寿命较长，生长不慢；⑩耐高温、也耐低温。

3.花灌木树种选择

花灌木应选择花繁叶茂、花期长、生长健壮和便于管理的树种。花灌木的种类很多，选择有较大的灵活性。

①路旁栽植的花灌木应注意选用无细长萌芽或向四周伸出稀疏枝条的、树形整齐的树种，最好无刺或少刺，以免妨碍车辆和行人。

②耐修剪、再生力强，以利于控制植物高度和树形。

③生长健壮、抗性强，能忍耐尘埃和路面热辐射。

④枝、叶、花无毒和无刺激性气味。

⑤最好花先叶开放、果实有观赏价值。

4.植篱树种选择

①植篱树种应选择萌芽力强、发枝力强、愈伤力强，耐修剪、耐荫，病虫害少的树种。

②叶片小而密、花小而多、果小而繁。

③移植容易，生长速度适中。

④植株下枝不透空且自茎部分枝生长。

5.地被植物选择

①植株低矮，覆盖度大，具有蔓生性和茎叶密生等特性。

②生长快，繁殖力强，能在短期内覆盖地面，并且能在长时间（5～10年）保持良好效果。

③管理粗放，病虫害少，抗杂草力强，耐践踏，全年保持一定观赏效果。

④景观效果好，不论叶片、花、果均具有观赏价值，且无毒、无恶臭、无刺、枝叶不伤流。

6.草坪植物选择

①植株匍匐型，成丛生状，生长低矮，能紧密地覆盖地面，平整美观。

②叶片细而柔软，富有弹性，绿色期长。

③适应性强，抗干旱，抗病力强，耐践踏，耐修剪。

④繁殖力强，结实量大，发芽力强，再生性萌芽性强，覆盖率高。

⑤草种无刺、无毒和不良气味，对人畜无害。

三、城市道路生态绿地的具体规划设计示例

（一）道路绿带设计

道路绿带是指道路沿线范围内的带状绿地。道路绿带分为分车绿带、行道树绿带和路侧绿带。

1.道路的横断面布置形式

（1）一板二带式

即1条车行道，2条绿带。其适用于路幅较窄、车流量不大的次干道和居住区道路，是最常见的一种形式。其优点是简单整齐、用地比较经济、管理方便。其缺点是机动车与非机动车混行，不便于组织交通。当车行道过宽时，绿化遮阴效果差。

（2）二板三带式

即车行道中间以一条绿带隔开分成单向行驶的2条车行道，道路两侧各1行行道树绿带。其适用于机动车多、夜间交通量大而非机动车少的道路。其优点是有利于绿化布置、道路照明和管线敷设，道路景观好。车辆为单向行驶，解决对向车流相互干扰的矛盾。但由于机动车与非机动车混行，仍不能解决相互干扰的矛盾；而且车辆行驶时机动性差，转向需要绕道。在城市中心地区人流量较大的道路，行人从中间绿带穿行易造成交通事故。

（3）三板四带式

即利用两条分隔带把车行道分成3条，中间为机动车道，两侧为非机动车道，连同车道两侧的行道树绿带共有4条绿带。其适用于路幅较宽，机动车、非机动车流量大的主要交流干道。其优点有以下几点。

①组织交通方便、安全，较好地解决了各种车辆相互干扰的矛盾，提高了车辆行驶速度，同时分隔带对行人过街还可起到安全岛的作用。

②较好地处理了照明灯杆与绿化的矛盾，使照度达到均匀，有利于夜间行车安全。

③由于布置了多行绿带，夏季遮阴效果好，不仅对行人、车辆往来有利，还可保护路面，减少炎夏沥青路面泛油。

④机动车在道路中间，距道路两侧建筑物较远，且有几条绿带阻隔，吸尘、减噪等效果好，从而提高了环境质量。

⑤便于实施分期修建，如先建机动车道部分，供机动车、非机动车混行，待城市发展、交通量加大后再扩建为三块板，分期敷设发展地下管线。

其缺点：公共交通车辆停靠站上、下的乘客要穿行非机动车道，不方便；占地较大，建设投资高。

（4）四板五带式

利用3条分隔带将车道分为4条，共有5条绿带，适用于大城市的交通干道。其优点是各种车辆均形成单向行驶，互不干扰，保证了行车速度和行车安全；缺点是用地面积较大，建设投资高，目前在中国设置的不多（有些大城市在原有路面上设置栏杆或隔离墩，将道路分隔成四板五带形式，有一带或两带仅是1条线，无法绿化，仅能解决交通问题，其他功能仍属二板三带或三板四带）。

（5）其他形式

由于城市所处地理位置、环境条件、城市景观要求不同，道路横断面设计产生许多特殊形式。

①在道路红线内将车道偏向一侧，另一侧留有较宽的绿带设计成林荫路；临河、湖、海的道路设计成滨河林荫路等。

②在北方城市，东西走向的道路，若南侧沿线有高大建筑群，由于建筑物会在人行道上造成阴影，不利于植物生长，可将道路中线偏向南侧，减少南侧绿地宽度，增加北侧绿地面积。

③在地形起伏较大的城市或地段，路线沿坡地布置时，可结合自然地形将车行道与人行道分别布置在不同的平面上，各组成部分之间可用挡土墙或斜坡连接，或按行车方向划分为上下行线的布置。

④道路沿谷地设置时可布置为路堑式或路堤式。

为避免树木根系破坏路基，路面在9 m以下时，树木不宜种在路肩上，应种植在边沟以外，距外缘0.5 m为宜。路面9 m以上时，可在路肩上植树，距边沟内缘不小于0.5 m。

三板四带式比较适应城市交通现代化发展的要求，是城市主要交通干道的发展方向。具体到每个城市应根据城市规模、道路性质、交通特点、用地和拆迁工作量等因素，经综合分析后确定。中小城镇不可盲目模仿大城市的三板四带形式，一来会造成土地利用和道路投资的浪费，二则由于道路两侧没有大体量的建筑物，整体城市景观会给人以空旷之感。

2.道路绿带的种植形式

（1）列植式

同一种类或品种的乔木或灌木按一定的间隔排列成1行种植。在比较窄的绿带上使用最简单、最多见的形式。在较宽的绿带中可用双行或者多行列植。

（2）叠植式

2列树木呈品字形排列。

（3）多层式

将常绿树、乔木、灌木等几种树木用同样间距、同样大小，形成高低不同的多层次规则式种植。

（4）自然式

在一定宽度的绿带内布置有节奏的自然树丛，具有高低、大小、疏密和各种形体的变化，但保持平衡的自然式种植。例如，北京市北四环路两侧分车绿带宽6.7 m，路侧绿带宽9 m；均采用自然式种植，有油松、合欢、栾树、木槿、紫薇等，每隔50～80 m有节奏地种植。

（5）花园式

多用于可供人们作短暂休憩的林荫路、街旁游园等。

3.道路分车绿带设计

（1）分车带

分车带是用来分隔干道的上下车道和快慢车道的隔离带，为组织车辆分向、分流，起着疏导交通和安全隔离的作用。因占有一定宽度，除绿化功能外，还可以为行人过街停歇、照明杆柱、安设交通标志、公交车辆停靠等提供用地。

分车带的类型有以下三种：①分隔上下行车辆的（1条带）；②分隔机动车与非机动车的（2条带）；③分隔机动车与非机动车并构成上下行的（3条带）。

分车带的宽度因路而异，没有固定的尺寸，分车带宽度占道路总宽度的百分比也没有具体规定。作为分车绿带最窄为1.5 m，常见的分车绿带为2.5 ~ 8 m，大于8 m宽的分车绿带可作为林荫路设计。加宽分车带的宽度，使道路分隔更为明确，街景更加壮观；同时，为今后道路拓宽留有余地。

为了便于行人过街，分车带应进行适当分段，一般以75 ~ 100 m为宜。尽可能与人行横道、停车站、大型商店和人流集中的公共建筑出入口相结合。

（2）道路分车绿带

道路分车绿带是指车行道之间可以绿化的分隔带，其位于上下行机动车道之间的分车绿带，位于机动车道与非机动车道之间或同方向行驶机动车道之间的两侧分车绿带。

①人行横道线与分车绿带的关系。人行横道线在绿带顶端通过时，绿带进行铺装；人行横道线在靠近绿带顶端通过时，人行横道线的位置进行铺装，在绿带顶端剩余位置种植低矮灌木，也可种植草坪或花卉；人行横道线在分车绿带中间通过时，人行横道线的位置进行铺装，铺装两侧不要种植绿篱或灌木，以免影响行人和驾驶员的视线。

②分车绿带上汽车停靠站的处理。公共汽车或无轨电车等车辆的停靠站设在分车绿带上时，大型公共汽车每一路大约要30 m长的停靠站。在停靠站上需留出1 ~ 2 m宽的地面铺装为乘客候车使用。绿带尽量种植乔木为乘客提供遮阴。分车绿带在5 m以上时，可种绿篱或灌木，但应设护栏进行保护。

分车带靠近机动车道，距交通污染源最近，光照和热辐射强烈、干旱、土层深度不够，往往土质差、养护困难，应选择耐瘠薄、抗逆性强的树种。灌木宜采用片植方式利用种内互助的内涵性，提高抵御能力。

分车绿带的植物配置应形式简洁、树形整齐、排列一致。分车绿带形式简洁有序，驾驶员容易辨别穿行道路的行人，可减少驾驶员视线疲劳，有利于行车安全。为了交通安全和树木的种植养护，分车绿带上种植乔木时，其树干中心至机动车道路缘石外侧距离不能小于0.75 m。

被人行道或道路出入口断开的分车绿带，其端部应采取通透式栽植。通透式栽植是指绿地上配置的树木，在距相邻机动车道路面高度0.9 ~ 3.0 m的范围内，其树冠不遮挡驾驶员视线的配置方式。采用通透式栽植是为了穿越道路的行人或并入的车辆容易看到过往车辆，以利行人、车辆安全。

③中间分车绿带的种植设计。中间分车绿带上，在距相邻机动车道路面高度0.6 ~ 1.5 m的范围内种植灌木、灌木球、绿篱等枝叶茂密的常绿树能有效地阻挡夜间相向行驶车辆前照灯的眩光。其株距不大于冠幅的5倍。

中间分车绿地种植形式有以下几种。

绿篱式：将绿带内密植常绿树，经过整形修剪，使其保持一定高度和形状。这种形式栽植宽度大，行人难以穿越，而且由于树间没有间隔，杂草少，管理容易。在车速不高的非主要交通干道上，可修剪成有高低变化的形状或用不同种类的树木间隔片植。

整形式：将树木按固定的间隔排列，有整齐划一的美感，但路段过长会给人一种单调的感觉。可采用改变树木种类、树木高度或者株距等方法丰富景观效果。这是目前使用最普遍的方式，有用同一种类单株等距种植或片状种植；有用不同种类单株间隔种植；不同种类间隔片植等多种形式。

图案式：将树木修剪成几何图案，整齐美观，但需经常修剪，养护管理要求高。可在园林景观路、风景区游览线路使用。

在中间分车绿带上应种植高70 cm以下的绿篱、灌木、花卉、草坪等，使驾驶员不受树影、落叶等的影响。实际上，目前我国在中间分车绿带中种植乔木的很多，一是中国大部分地区夏季炎热，需考虑遮阴；二是目前我国机动车车速不高，树木对驾驶员的视觉影响不大。因而在分车绿带上采用了以乔木为主的种植形式。

④两侧分车绿带。两侧分车绿带距交通污染源最近，其绿化所起的滤减烟尘、减弱噪声的效果最佳，并能对非机动车有庇护作用。因此，应尽量采取复层混交配置，扩大绿量，提高保护功能。

两侧分车绿带的乔木树冠不要在机动车道上面搭接，形成绿色隧道，这样会影响汽车尾气及时向上扩散，污染道路环境。

植物配置方式很多，常见的有如下几种。

第一种，分车绿带宽度小于1.5 m时，绿带只能种植灌木、地被植物或草坪。

第二种，分车绿带宽度等于1.5 m时，以种植乔木为主。这种形式遮阴效果好，施工和养护容易。在两株乔木中间种植灌木，这种配置形式比较活泼。开花灌木可增加色彩，常绿灌木可改变冬季道路景观。但要注意选择耐荫的灌木和草坪种类，或适当加大乔木的株距。

第三种，绿带宽度大于2.5 m时可采取落叶乔木、灌木、常绿树、绿篱、草地和花卉相互搭配的种植形式。

4.行道树绿带设计

行道树绿带是指布设在人行道与车行道之间，种植行道树为主的绿带。其宽度应根据道路的性质、类别和对绿地的功能要求及立地条件等综合考虑而决定，但不得小于1.5 m。

（1）行道树绿带的功能

行道树绿带的主要功能是为行人和非机动车庇荫。因此，行道树绿带应以种植行道树为主。绿带较宽时可采用乔木、灌木、地被植物相结合的配置方式，提高防护功能、加强绿化景观效果。

（2）行道树的种植方式

①树带式：在人行道与车行道之间留出一条不小于1.5 m宽的种植带。视树带的宽度种植乔木、绿篱和地被植物等形成连续的绿带。在树带中铺草或种植地被植物，不要有裸露的土壤。这种方式有利于树木生长和增加绿量，改善道路生态环境和丰富城市景观。在适当的距离和位置留出一定量的铺装通道，便于行人往来。若是一板两带的道路还要为公交车等留出铺装的停靠站台。树带式行道树绿带，种植有槐树、月季、大叶黄杨篱等。

②树池式：在交通量比较大、行人多而人行道又狭窄的道路上采用树池的方式。树池式营养面积小，又不利于松土、施肥等管理工作，不利于树木

生长。

（3）行道树绿带的种植设计

①行道树树干中心至路缘石外侧最小距离为0.75 m。以便公交车辆停靠和树木根系的均衡分布，防止倒伏，便于行道树的栽植和养护管理。

②在弯道上或道路交叉口，行道树绿带上种植的树木，在距相邻机动车道路面高度0.9 ~ 3.0 m，其树冠不得进入视距三角形范围内，以免遮挡驾驶员视线，影响行车安全。

③在同一街道采用同一树种、同一株距对称栽植，既可更好地起到遮阴、减噪等防护功能，又可使街景整齐雄伟，体现整体美。若要变换树种，最好从道路交叉口或桥梁等地方变更。

④在一板二带式道路上，路面较窄时，注意两侧行道树树冠不要在车行道上衔接，以免造成飘尘、废气等不易扩散。应注意树种选择和修剪，适当留出“天窗”，使污染物扩散、稀释。

⑤在车辆交通流量大的道路上及风力很强的道路上，应种植绿篱。

⑥行道树绿带的布置形式多采用对称式：道路横断面中心线两侧，绿带宽度相同，植物配置和树种、株距等均相同，如每侧1行乔木、1行绿篱、1行乔木等。

道路横断面为不规则形式时，或道路两侧行道树绿带宽度不等时，形成不对称布置形式，如山地城市或老城旧道路幅较窄，采用道路一侧种植行道树，而另一侧布设照明灯杆线和地下管线。

两侧不同树种的不对称栽植，如北京市东黄城根北街一侧元宝枫、杜仲，另一侧毛白杨。

行道树绿带不等宽的不对称栽植，如北京市美术馆后街一侧1行乔木，另一侧2行乔木。

5.路侧绿带设计

路侧绿带是指在道路侧方，布设在人行道边缘至道路红线之间的绿带，是构成道路优美景观的可贵地段。路侧绿带常见的有三种：一种是因建筑物与道路红线重合，路侧绿带毗邻建筑布设；第二种是建筑退让红线后留出人行道，路侧绿带位于两条人行道之间；第三种是建筑退让红线后在道路红线外侧留出绿地，路侧绿带与道路红线外侧绿地结合。

路侧绿带与沿路的用地性质或建筑物关系密切，有的建筑物要求绿化衬托，有的建筑要求绿化防护。因此，路侧绿带应用乔木、灌木、花卉、草坪等结合建筑群的平面组合关系、造型、色彩等因素，根据相邻用地性质、防护和景观要求进行设计，并应在整体上保持绿带连续、完整和景观效果的统一。

路侧绿带宽度大于8 m时，可设计成开放式绿地。内部铺设游步道和供短暂休憩的设施，方便行人进入游憩，以提高绿地的功能和街景的艺术效果。但绿化用地面积不得小于该段绿带总面积的70 %。路侧绿带与毗邻的其他绿地一起辟为街旁游园时，其设计应符合现行行业标准《CJJ48-92公园设计规范》的规定。

（1）人行道设计

人行道的主要功能，首先是满足步行交通的需要，其次是城市中的地下公用市政设施管线必须在道路横断面上安排，灯柱、电线杆和无轨电车的架空触线柱的设施也需占用人行道等。所以，在设计人行道宽度时除满足步行交通需要外，也应满足绿化布置、地上杆柱、地下管线、交通标志、信号设施、护栏及邮筒、果皮箱、消防栓等公用附属设施安排的需要。

根据我国实践经验，一侧人行道宽度与道路路幅宽度之比为1～2：7，以步行交通为主的小城镇为1：4～5。

人行道的布置通常对称布置在道路的两侧，但因地形、地物或其他特殊情况也可两侧不等宽或不在一个平面上，或仅布置在道路一侧。

（2）道路红线与建筑线重合的路侧绿带种植设计

在建筑物或围墙的前面种植草皮花卉、绿篱、灌木丛等，主要起美化装饰和隔离作用，一般行人不能入内。设计时一是注意建筑物做散水坡，以利排水；二是绿化种植不要影响建筑物通风和采光，如在建筑两窗间可采用丛状种植。树种选择时注意与建筑物的形式、颜色和墙面的质地等相协调。例如：在建筑立面颜色较深时，可适当布置花坛，取得鲜明对比；在建筑物拐角处，选枝条柔软，自然生长的树种来缓冲建筑物生硬的线条。绿带比较窄或朝北高层建筑物前局部小气候条件恶劣、地下管线多，绿化困难的地带可考虑用攀缘植物来装饰。攀缘植物可装饰墙面、栏杆或者用竹、铁、木条等材料制作一些攀缘架，种植攀缘植物，上爬下挂，增加绿量。

（3）建筑退让红线后留出人行道，路侧绿带位于两条人行道之间的种植设计

一般商业街或其他文化服务场所较多的道路旁设置2条人行道，一条靠近建筑物附近，供进出建筑物的人们使用，另一条靠近车行道为穿越街道和过街行人使用。路侧绿带位于2条人行道之间。设计种植视绿带宽度根据沿街的建筑物性质而定。一般街道或遮阴要求高的道路，可种植两行乔木；商业街要突出建筑物立面或橱窗时，绿带设计宜以观赏效果为主。种植常绿树、开花灌木、绿篱、花卉、草皮；或设计成花坛群、花境等。

（4）建筑退让红线后，在道路红线外侧留出绿地，路侧绿带与道路红线外侧绿地结合

道路红线外侧绿地有街旁游园、宅旁绿地、公共建筑前绿地等。这些绿地虽不统计在道路绿化用地范围内，但能加强道路的绿化效果。因此，一些新建道路往往要求和道路绿化一并设计。

（二）林荫道绿地设计

林荫道是指与道路平行并具有一定宽度的供居民步行通过、散步和短暂休息用的带状绿地。

1.林荫道的功能

林荫道利用植物与车行道隔开，在其不同地段辟出各种不同的休息场地，并有简单的园林设施，可起到小游园的作用，扩大了群众活动场所，增加城市绿地面积，弥补绿地分布不均匀的缺陷。

林荫道种植了大量树木花草，减弱城市道路上的噪声、废气、烟尘等的污染，为行人创造良好的小气候和卫生条件，在绿地内布设了花坛、水池、雕像等，从而美化了环境，丰富了城市街景。

2.林荫道的设置形式

（1）按照林荫道在道路平面上的布置位置，分为以下三种。

①设置在道路中央纵轴线上。优点是道路两侧的居民有均等的机会进入林荫道，使用方便，并能有效地分隔道路上的对向车辆。但进入林荫道必须横穿车行道，既影响车辆行驶，又不安全。此类形式多在机动车流量不大的道路上采用，出入口不宜过多。

②设置在道路一侧。减少了行人在车行道的穿插，在交通比较繁忙的道路上多采用这种形式。宜选择在便于居民和行人使用的一侧；有利于植物生长的一侧；充分利用自然环境，如山、林、水体等有景可借的一侧。

③分设在道路两侧

分设在道路两侧，与人行道相连，可以使附近居民和行人不用穿越车行道就可到达林荫道内，比较方便、安全。对于道路两侧建筑物也有一定的防护作用。在交通流量大的道路上，采用这种形式，可有效地防止和减少机动车所产生的废气、噪声、烟尘和震动等公害的污染。

（2）按照林荫道用地宽度分为以下三种布置形式。

①单游步道式。林荫道宽度在8 m以上时，设一条游步道，设在中间或一侧。宽度3 ~ 4 m，用绿带与城市道路相隔，多采用规则式布置，中间游步道两侧设置座椅、花坛、报栏、宣传牌等。绿地视宽度种植单行乔木、灌木丛和草皮，或用绿篱与道路分隔。

②双游步道式。林荫道宽度在20 m以上时，设两条或两条以上游步道。布置形式可采用自然或规则式布置。中间的一条绿带布置花坛、花境、水池、绿篱，或乔、灌木。游步道分别设在中间绿带的两侧，沿步道设座椅、果皮箱等。车行道与林荫道之间的绿带，主要功能是隔离车行道，保持林荫道内部安静卫生。因此，可种植浓密的绿篱、乔木，形成绿墙，或种植两行高低不同的乔木与道路分隔。立面布置成外高内低的形式。若林荫道是设在道路一侧的，则沿道路车行道一侧绿化种植以防护为主。靠建筑一侧种植矮篱、树丛、灌木丛等，以不遮挡建筑物为宜。

③游园式。林荫道宽度在40 m以上时，可布置成带状公园，布置形式自

然式或规则式。除两条以上的游步道外，开辟小型儿童活动场地、小广场、花坛和简单的游憩设施。植物配置应考虑与城市环境的关系及园外行人、乘车人对公园外貌的观赏效果。

（三）滨河路绿地设计

滨河路是城市中临江、河、湖、海等水体的道路。滨河路在城市中往往是交通繁忙而景观要求又较高的城市干道。需要结合其他自然环境、河岸高度、用地宽窄和交通特点等进行布置。

1.滨河路设计

首无，河岸线地形高低起伏不平，遇到一些斜坡、台地时，可结合地形将车行道与滨河路分设在不同高度上。

在台地或坡地上设置的滨河路，常分两层处理。一层与道路路面标高相同；另一层设在常年水位标高以上。两者之间以绿化斜坡相连，垂直联系用坡道或石阶贯通。在平台上布置座椅、栏杆、棚架、园灯、小瀑布等。设有码头或小广场的地段，通常在石阶通道进出口的中间或两侧设置雕塑、园灯等。

其次，为了保护江、河、湖岸免遭波浪、地下水、雨水等的冲刷而坍塌，需修建永久性驳岸。一般驳岸多采用坚硬的石材或混凝土做成。规则式林荫路如临宽阔水面，可在驳岸顶部加砌岸墙；高度90～100 cm，狭窄的河流在驳岸顶部用栏杆围起来或将驳岸与花池、花钵结合起来，便于游人看到水面，欣赏水景。自然式滨河路加固驳岸可采用绿化方法。在坡度1：1～1：1.5的坡上铺草，或加砌草皮砖，或在水下砌整形驳岸，水面上加叠自然山石，高低曲折变幻，既美化水岸又可供游人坐息、垂钓。设有游船码头或水上运动设施的地段，应修建坡道或设置转折式台阶直通水面。

最后，临近水面布置的游步道，游步道宽度最好不小于5 m，并尽量接近水面。滨河路比较宽时，最好布置两条游步道，一条临近道路人行道，便于行人往来，而临近水面的一条游步道要宽些，供游人漫步或驻足眺望。

水面不十分宽阔，对岸又无景可观时，滨河路可布置得简单些；临水布置游步道、岸边设置栏杆、园灯、果皮箱等。游步道内侧种植树姿优美、观赏价值高的乔木、灌木。种植形式可自由些。树间布置座椅，供游人小憩。

水面宽阔对岸景观好时，临水宜设置较宽的绿化带，布置游步道、花坛、草坪、园椅、棚架等。在可观赏对岸景点的最佳位置设计一些小广场或凸出水面的平台，供游人伫立或摄影。水面宽阔，能划船、垂钓或游泳；绿化带较宽时，可考虑设计成滨河带状公园。

2.绿地设计

首先，应充分利用宽阔的水面，临水造景，运用美学原则和造园艺术手法，利用水体的优势与特色，以植物造景为主，配置游憩设施和有特色风格的建筑小品，构成有韵律的连续性优美彩带。人们漫步林荫下，或临河垂钓，水中泛舟，充分享受自然气息。

其次，滨河路绿地主要功能是供人们游览、休息，同时可以护坡、防止水土流失。一般滨河路的一侧是城市建筑，另一侧为水体，中间为绿带。绿带设计手法取决于自然地形、水岸线的曲折程度、所处的位置和功能要求等。地势起伏、岸线曲折、变化多的地方采用自然式布置；而地势平坦、岸线整齐，又临宽阔道路干道时则采用规则式布置较好。

规则式布置的绿带多以草地、花坛群为主，乔木灌木多以孤植或对称种植。自然式布置的绿带多以树丛、树群为主。

最后，为了减少车辆对绿地的干扰，靠近车行道一侧应种植一行或两行乔木和绿篱，形成绿色屏障。但为了水上的游人和河对岸的行人见到沿街的建筑艺术，不宜完全封闭，要留出透视线。沿水步道靠岸一侧原则上不种植成排乔木其原因：一是影响景观视线，二是怕树木的根系伸展破坏驳岸。步道内侧绿化宜疏朗散植，树冠线要有起伏变化。植物配置应注重色彩、季相变化和水中倒影等。要使岸上的游人能见到水面的优美景色，同时水上的游人能见到滨河绿带的景色和沿街的建筑艺术，使水面景观与活动空间景观相互渗透，连成一体。

（四）步行街绿地设计

步行街是指城市道路系统中确定为专供步行者使用，禁止或限制车辆通行的街道。对步行街的管理一般分两种情况，全天供步行者通行或在限定时间内通行；对车辆的通行，一般在供步行者通行的时间内，禁止车辆通行，但准许送货车、清扫车、消防车等特种车辆通行，有的城市还准许固定线路的公共交通车辆通行。确定为步行街的街道一般在市、区中心商业、服务设施集中的地区，亦称商业步行街。

1.功能与特点

随着城市的发展，车流人流的增加，人车混杂，既影响了交通的通畅，又威胁了行人的安全。过去人们在街道上悠然自得的逛街情趣早已消失。因此，要促进城市中心区的城市生活、保护传统街道富有特色的结构，使城市更加亲切近人，使千百年来所形成的优秀文化传统生活方式为人们所享受，改善城市的人文环境。步行街的出现，反映了以人为主体的城市设计思想，旨在保证步行者的交通安全、便利和舒适与宁静，为人们提供舒适的步行、购物、休息、社会交往和娱乐的适宜场所，增进人际交流和地域认同感，促进经济的繁荣。步行街可减少车辆，并减少汽车对环境所产生的压力，减少空气和视觉的污染、交通噪声，并且可使建筑环境更富人情味。

国外许多国家十分重视步行街的建设，他们已经放弃了沿交通干道两侧布置商业、服务业建筑的做法，而将商业、服务业建筑集中分布在步行街两侧或步行广场四周。这类步行街具有多功能性，它不仅各类商业服务设施齐全，而且布置有供居民休憩、漫步的绿地、花坛、雕塑及儿童游乐场地、小型影剧院等文娱设施及造型新颖别致的电话亭、路灯、标志牌等公用设施。另外，还设有停车场和便捷的公共交通。随着市场经济的发展，人民生活水平的提高，工作时间的减少，人们的生活方式和购物行为已发生了很大变化，人们上街购物已非单纯购买物品，还是休息、等候、参观、纳凉、用餐、闲谈、人际交流等获得信息、加强交往、接触社会的一种新的生活方式，并以此来实现自己精神上和心理上的满足。因此，现代的商业步行街寓购物于玩赏，置商店于优美的环境之中。它应是一个精神功能重于物质功能的丰富多彩、充满园林气氛的公共休闲空间。它是一个融旅游、商贸、展示、文化等多功能为一体的综合体。

步行街有两种类型：一是旧城市原有的中心商业街通过交通管理或改造而成的步行街，如南京市的夫子庙、北京市的琉璃厂等；二是旧城市的新区或新城市的中心区，按人车分流原则设计的步行街。

2.步行街的设计

步行街周围要有便捷的客运交通宜与附近的主要交通干道垂直布置，出入口应安排机动车、自行车停车场或多层停车库和公交车辆的停靠站点。

步行街的路幅宽度主要取决于临街建筑物的层次、高度和绿化布置的要求。步行街断面布置要适应步行交通方便、舒适的需要，组合上每侧步行带宽度、条数以适应行人穿越、停驻、进出商店的交通要求。大中城市的主要商业步行街宽度不宜小于6 m，区级商业街不宜小于4.5 m；车行道宽度以能适应消防车、救护车、清扫车及营业时间前后为商店服务的货车通行为度，一般7～8 m。其间可配置小型广场。步行街的总宽度一般以25～35 m为宜。商业步行区内步行道路和广场的面积，可按容纳0.8～1.0人/ m^2计算。步行街吸引了大量人流购物、游览，而人流过多会破坏轻松愉快的气氛。因此，在作步行街设计时，不要使人流超过环境容量，要给人创造一个安静舒适的环境。对于严格禁止货运车辆进入的步行街可考虑在建筑物后，结合居住小区规划，设置宽度5.5～6.0 m的平行专用货运道，供商店运输货物，同时是带底层商店的住宅、办公楼出入通道。

影剧院最好布置在步行街出入口靠近停车场及公交站附近，它的正面入口宜与步行街穿行方向相垂直，或位于步行街一角，并有专门的疏散通道，减少其散场时大量集中人流与步行街人流穿越干扰。

步行街平、纵线形应结合当地地形、交通特点灵活确定，步行街的纵坡宜平缓，不宜超过2 %。

中小城市步行街设计时应与集市贸易场地有机结合。为解决当前集贸占用人行道影响交通、市容等被动状况，应在临近步行街安排集市贸易场地。但要借绿化、小空地等与步行街进行分隔，避免人流、噪声等对步行街的干扰，做到分别安排、有机结合。

步行街设计时还要考虑空间的通透和疏通，有意削弱室内和室外、地上和地下的界面，引进自然环境和人工环境，结合自动扶梯、绿化、建筑小品、水体等形成丰富多变、色彩斑斓的环境，使人们在观赏中购物，在购物中观赏。

利用原有的商业街改造的步行街，注意保留和发展传统风貌，尤其是那些百年老店、古色古香的传统建筑等，都具有历史品格，会使步行街增色生辉。新建或改建其他建筑时，应注意和谐统一，切忌各自为政，破坏了整体性。

3.绿地设计

构成商业步行街的景观要素基本上在建筑用地空间内包括建筑物内部、外部、橱窗、招牌、广告等；在人行道空间内包括人、人行道铺装、花草树木、公用设施、园林建筑小品等；在车行道空间内包括道路铺装、人行过街天桥、交通信号、车辆等。因此，在做绿地设计时，要从整体景观效果考虑。设计人员应到现场进行勘查，对地形、环境条件、视觉关系等进行分析，根据空间大小、功能需要、艺术要求进行设计。

步行者有的忙着赶路而来去匆匆，有人边走边看，也有的人停下来驻足观看……因此，要灵活运用各种造园手法，创造丰富多样的空间，满足各种步行者的需要。在商业步行街中，园林空间从属性强，在整体空间的控制下起到补充和陪衬作用，在空间的连续构图中增加层次感和景深感。由于空间尺度小，步行者具有缓慢、敏感和随人流而动的特点，步行者视野受到一定限制，他们会对环境的细部产生强烈的感受。因此，在步行街上的各种小空间，如道路局部、小广场、建筑内庭等都应精心设计、精心施工，达到画龙点睛的效果。

4.树种选择

必须适地适树，优先选用乡土树种，确保植物生长发育正常，又能形成地方特色。为了保持步行街空间视觉的通透，不遮挡商店的橱窗、广告，最好选用形体娇小，枝、干、叶形优美的小乔木和花灌木。落叶乔木强调其枝干美，灌木强调其形态美。在北方城市注意常绿树和落叶树的合理搭配，在建筑物前可适当选用绿篱、花卉、草坪等；在面积较大的绿地内选用常绿树、灌木、地被植物和宿根花卉及草皮等，建立人工植物群落，以此改善步行街的生态条件，提高园林植物的生长质量和景观效果。植物种类不宜过多，种植宜疏不宜密，突出季相变化。

第三节 广场绿地生态规划设计

城市广场是指城市中由建筑物、构筑物、道路或绿地等围合而成的开敞空间，是城市公共社会生活的中心。广场又是集中反映城市历史文化的空间和城市建筑艺术的焦点，是最具艺术魅力，最能反映现代都市文明的开放空间。在城市规划与建设中，广场的布置有着很重要的作用。

一、城市广场的功能

城市广场的功能主要是以下六点。

①广场作为道路的一部分，是人、车通行和驻留的场所，起交汇、缓冲和组织交通作用。方便人流交通，缓解交通拥挤。

②改善和美化生态环境。街道的轴线，可在广场中相互连接、调整，加深了城市空间的相互穿插和贯通，增加了城市空间的深度和层次。广场内配置绿化、小品等，有利于在广场内开展多种活动，增强了城市生活的情趣，满足人们日益增长的艺术审美要求。

③突出城市个性和特色，给城市增添魅力，或以浓郁的历史背景为依托，使人们在休憩中获得知识了解城市过去、曾有过的辉煌。

④提供社会活动场所，为城市居民和外来者提供散步、休息、社会交往和休闲娱乐的场所。

⑤城市防灾，是火灾、地震等方便的避难场所。

⑥组织商贸交流活动。

二、广场绿地生态规划设计要点

在现代城市中，由于形式与功能等的复合，对广场进行严格分类比较困难，只能按其主要性质、用途及在道路网中所处的地位分为六类：公共活动广场、集散广场、纪念广场、交通广场、商业广场和综合性广场。

广场应按照城市总体规划确定的性质、功能和用地范围，结合交通特征、地形、日然环境等进行设计，并处理好与毗邻道路及主要建筑物出入口的衔接，以及和周围建筑物的协调和广场的艺术风貌。

广场的空间处理上可用建筑物、柱廊等进行围合或半围合；用绿地、雕塑、小品等构成广场空间；也可结合地形用台式、下沉式或半下沉式等特定的地形组织广场空间。但不要用墙把广场与道路分开，最好分不清街道和广场的衔接处。广场地面标高不要过分高于或低于道路。

四面围合的广场封闭性强，具有强的向心性和领域性；三面围合的广场封闭性较好，有一定的方向性和向心性；两面围合的广场领域感弱，空间有一定的流动性；一面围合的广场封闭性差。

广场与道路的组合有道路穿越广场、广场位于道路一侧，以及道路引向广场等多种形式。广场外形有封闭式和敞开式，形状有规则的几何形状或结合自然地形的不规则形状。随着生活水平的提高和生活节奏的加快，人们更加注重城市公共空间的趣味性和人情化，人们对广场和公共绿地等开放空间的要求已不再单纯追求人为的视觉秩序和庄严雄伟的艺术效果，而是希望它成为舒适、方便、卫生、空间构图丰富、充满阳光、绿化和水的富有生气的优美的休闲场所，来满足人们日益提高的生理上和心理上的需求。因而在作广场和广场绿化的设计时应充分认识到这一点。

广场绿化首先应配合广场的性质、规模和广场的主要功能进行设计，使广场更好地发挥其作用。城市广场周围的建筑通常是重要建筑物，是城市的主要标志。应充分利用绿化来配合、烘托建筑群体，作为空间联系、过渡和分隔的重要手段，使广场空间环境更加丰富多彩和充满生气。广场绿地布置和植物配置要考虑广场规模、空间尺度，使绿化更好地装饰、衬托广场，美化广场，改善广场的小气候，为人们提供一个四季如画、生机盎然的休憩场所。在广场绿化与广场周边的自然环境和人造景观环境协调的同时，应注意保持自身的风格统一。

广场绿地可占广场的全部或一部分面积，也可建在广场的一个点上或分别建在广场的几个点上，以及建在广场的某建筑物的前面。

广场绿地布置配合交通疏导设施时，可采用封闭式布置；面积不大的广场，绿地可采用半封闭式布置，即周围用栏杆分隔，种植草坪、低矮灌木和高大落叶乔木遮阴。最好不种植绿篱，比保证绿地通透。对于休憩绿地可采用开敞式布置，布置建筑小品、园路、座椅、照明等。广场绿地布置形式通常为规则的几何图形，如面积较大，也可布置成自然式。

植物配置有整形式和自然式。

（1）整形式种植

主要用于广场的周边或长条形地带，起到严整规则的效果，作为隔离、遮挡或作为背景用。配置可用单纯的乔木、乔木+灌木、乔木+灌木+花卉等。为了避免成排种植的单调，面积较大时可把几种树组成一个个树丛，有规律地排列在一定地段上，形成集团式种植。

（2）自然式种植

在一定的地段内，花木的种植不受株距、行距的限制，可疏密有序地布置。这样还可巧妙地解决与地下设施的矛盾。在植物配置时，一般是高大乔木居中，矮小植株在侧，色彩变化尽量放在边缘，在必要的地段和节假日点缀花卉，使层次分明。

三、不同类型的广场绿地生态规划设计

（一）公共活动广场

这类广场一般位于城市的中心地区。它的地理位置适中，交通方便。布置在广场周围的建筑以主要党政机关、重要的公共建筑或纪念性建筑为主。其主要是供居民文化休息活动，也是政治集会和节日联欢的公共场所。大城市可分市、区两级，中小城市人口少，群众集会活动少，可利用体育场兼作集会活动场所。这类广场在规划上应考虑同城市干道有方便的联系，并对大量人流迅速集散的交通组织及其相适应的各类车辆停放场地进行合理布置。由于这类广场是反映城市面貌的重要地方，因此，广场要与周围的建筑布局协调，起到相互烘托的作用。

广场的平面形状有矩形、正方形、梯形、圆形或其他几何图形等，其比

例在4：3、3：2、2：1等为宜。广场的宽度与四周建筑物的高度比例一般以3 ~ 6倍为宜。

广场用地总面积可按规划城市人口每人0.13 ~ 0.40 m^2计算。广场不宜太大，市级广场每处40 000 ~ 100 000 m^2；区级每处10 000 ~ 30 000 m^2为宜。

公共活动广场绿化布局视主要功能而各不相同，有的侧重庄重、雄伟；有的侧重简洁、娴静；有的侧重华美、富丽堂皇等。

公共活动广场一般面积较大，为了不破坏广场的完整性、不影响大型活动和阻碍交通，一般在广场中心不设置绿地。在广场周边及与道路相邻处，可利用乔木、灌木，或花坛等进行绿化，既起到分隔作用，又可减少噪声和交通的干扰，保持广场的完整性。在广场主体建筑旁及交通分隔带采取封闭或半封闭式布置。广场的集中成片绿地不应少于广场总面积的25 %，宜布置为开放式绿地，供人们进入游憩、漫步，提高广场绿地的利用率。植物配置采用疏朗通透的手法，扩大广场的视线空间、丰富景观层次，使绿地更好地装饰广场。广场面积较大，可利用绿地进行分隔，形成不同功能的活动空间，满足人们的不同需要。

（二）集散广场

集散广场是城市中主要人流和车流集散点前面的广场，如飞机场、火车站、轮船码头等交通枢纽站前广场，体育场馆、影剧院、饭店宾馆等公共建筑前广场和大型工厂、机关、公园门前广场等。其主要作用是解决人流、车流的集散有足够的空间；具有交通组织和管理的功能，同时具有修饰街景的作用。

火车站等交通枢纽前广场的主要作用。

一是集散旅客。

二是为旅客提供室外活动场所。旅客经常在广场上进行多种活动，如室外候车、短暂休息、购物、等候亲友、会面、接送等。

三是公共交通、出租、团体用车、行李车和非机动车等车辆的停放和运行。

四是布置各种服务设施建筑，如厕所、邮电局、餐饮、小卖部等。

集散广场绿化可起到分隔广场空间及组织人流与车辆的作用；为人们创

造良好的遮阴场所；提供短暂逗留休息的适宜场所；绿化可减弱大面积硬质地面受太阳照射而产生的辐射热，改善广场小气候；与建筑物巧妙地配合，衬托建筑物，以达到更好的景观效果。

火车站、长途汽车站、飞机场和客运码头前广场是城市的“大门”，也是旅客集散和室外候车、休憩的场所。广场绿化布置除适应人流、车流集散的要求外，要创造开朗明快、洁净、舒适的环境；并应能体现所在城市的风格特点和广场周围的环境，使之各具特色。植物选择要突出地方特色。沿广场周边种植高大乔木，起到很好的遮阴、减噪作用。在广场内设封闭式绿地，种植草坪或布置花坛，起到交通岛的作用和装饰广场的作用。

广场绿化包括集中绿地和分散种植。集中成片绿地不宜小于广场总面积的10 %。民航机场前、码头前广场集中成片绿地宜在10 %～15 %。风景旅游城市或南方炎热地区，人们喜欢在室外活动和休息，如南京、桂林火车站前广场集中绿地达16 %。

绿化布置按其使用功能合理布置。一般沿周边种植高大乔木，起到遮阴、减噪的作用。供休息用的绿地不宜设在被车流包围或主要人流穿越的地方。

面积较小的绿地，通常采用封闭式或半封闭式形式，种植草坪、花坛，四周围以栏杆，以免人流践踏。它起到交通岛的作用和装饰广场的作用，用来分隔、组织交通的绿地宜作封闭式布置。不宜种植遮挡视线的灌木丛。

面积较大的绿地，可采用开放式布置，安排铺装小广场和园路，设置园灯、坐凳、种植乔木遮阴，配置花灌木、绿篱、花坛等，供人们进入休息。

步行场地和通道种植乔木遮阴。树池加格栅，保持地面平整，使人们行走安全、保持地面清洁和不影响树木生长。

影剧院、体育馆等公共建筑物前广场，绿化除起到陪衬、隔离、遮阴的作用外，还要符合人流集散规律，采取基础栽植：布置树丛、花坛、草坪、水池喷泉、雕塑和建筑小品等，丰富城市景观。在两侧种植乔木遮阴、防晒降温。主体建筑前不宜栽植高大乔木，避免遮挡建筑物立面。

绿化布局为规则式，花池中间成片种植月季，四周为3 m宽野牛草，草坪间点缀黄杨球，月季和草坪间用圆柏篱分隔。广场前两个大花坛种植冷季型草坪，中心栽植一组紫叶小球。博物馆以雪松、油松和绿篱作为陪衬。广场四周种植毛白杨，形成夏日遮阴及分隔空间绿化带。节假日摆设花坛。

（三）纪念性广场

纪念性广场以城市历史文化遗址、纪念性建筑为主体，或在广场上设置突出的纪念物，如纪念碑、纪念塔、人物雕塑等。其主要目的是供人瞻仰：这类广场宜保持环境幽静，禁止车流在广场内穿越与干扰。结合地形布置绿化与瞻仰活动的铺装广场，广场的建筑布局和环境设计要求精致，绿化布置多采用封闭式与开放式相结合手法。利用绿化衬托主体纪念物，创造与纪念物相应的环境气氛。布局以规则式为主，植物多以色彩浓重、树姿潇洒、优雅的常绿树作背景，前景配置形态优美、色彩丰富的花卉及草坪、绿篱、花坛、喷水池等，形成庄严、肃穆的环境。

（四）交通广场

交通广场是指有数条交通干道的较大型的交叉口广场，如大型的环形交叉、立体交叉和桥头广场等。其主要功能是组织和疏导交通。应处理好广场与所衔接道路的关系，合理确定交通组织方式和广场平面布置。在广场四周不宜布置有大量人流出入的大型公共建筑，主要建筑物也不宜直接面临广场。应在广场周围布置绿化隔离带，保证车辆、行人顺利和安全地通行。

桥头广场是城市桥梁两端的道路与滨河路相交所形成的交叉口广场：设计时除保证交通、安全要求外，还应注意展现桥梁的造型、风貌。

交通广场绿化主要为了疏导车辆和人流有秩序地通过和装饰街景。种植设计不可妨碍驾驶员的视线，以矮生植物和花卉为主。面积不大的广场以草坪、花坛为主的封闭式布置；树形整齐、四季常青，在冬季也有较好的绿化效果。面积较大的广场外围用绿篱、灌木、树丛等围合，中心地带可布置花坛、设座椅，创立安静、卫生、舒适的环境，供过往行人作短暂休息。

（五）商业广场

商业广场是指专供商业贸易建筑、商亭，供居民购物、进行集市贸易活动用的广场。随着城市主要商业区和商业街的大型化、综合化和步行化的发展，商业区广场的作用越来越显得重要。人们在长时间的购物后，往往希望能在喧嚣的闹市中找一处相对宁静的场所稍作休息。因此，商业广场这一公共开放空间要具备广场和绿地的双重特征。

广场要有明确的界限，形成明确而完整的广场空间。广场内要有一定范围的私密空间，以取得环境的安谧和心理上的安全感。

广场要与城市交通系统、城市绿化系统相结合，并与城市建设、商业开发相协调，调节广场所在地区的建筑容积率，保证城市环境质量，美化城市街景。

第四节　停车场生态化景观设计

停车场是指城市中集中露天停放车辆的场所。按车辆性质可分为机动车和非机动车停车场；按使用对象可分为专用和公用停车场；按设置地点可分为路外和路上停车场。

城市公共停车场是指在道路外独立地段为社会机动车和自行车设置的露天场地。

一、机动车停车场的生态规划设计

（一）机动车停车场设计要点

停车场的设置应符合城市规划布局和交通组织管理的要求，合理分布，便于存放；停车场出入口的位置应避开主干道和道路交叉口；出口和入口应分开，若合用时，其进出通道宽度应不小于车道线的宽度，出入口应有良好的通视条件，须有停车线、限速等各种标志和夜间显示装置。停车场内采用单向行驶路线，避免交叉。停车场还应考虑绿化、排水和照明等其他设施，特别是绿化。绿化不仅可以美化周围环境，而且对保护车辆有益。

市内机动车公共停车场须设置在车站、码头、机场、大型旅馆、商店、体育场、影剧院、展览馆、图书馆、医院、旅游场所、商业街等公共建筑附近。其服务半径为100～300 m。

停车场总面积除应满足停车需要外，还要包括绿化及附属设施等所需的面积（停车场用地估算应包括绿化及出入口连接通道和附属设施等。小汽车30～50 m^2/辆，大型车辆70～100 m^2/辆）。

停车场应与医院、图书馆等需要安静环境的单位保持足够距离。

公共停车场用地面积均按当量小汽车的停车位数量估算，一般按每停车位25～30 m^2计算。具体换算系数为：微型汽车，0.7；小型汽车，1.0；中型汽车，2.0；大型汽车，2.5；铰接汽车，3.5；三轮摩托，0.7。

公共停车场的停车位大于50个时，停车场的出入口数不得小于2个；停车位大于500时，出入口数不得小于3个。出入口之间的距离须大于15 m，出入口宽度不小于7 m。出入口距人行天桥、地道和桥梁应大于50 m。

（二）机动车停车场的绿地设计

停车场绿化不仅改善车辆停放环境，减少车辆暴晒，改善停车场的生态环境和小气候，还可以美化城市市容。

机动车停车场的绿化可分为周边式、树林式、建筑物前广场兼停车场等三类。

1.周边式绿化停车场

多用于停车场面积不大，而且车辆停放时间不长的停车场。种植设计可以和行道树结合，沿停车场四周种植落叶乔木、常绿乔木、花灌木等，用绿篱或栏杆围合。场地内地面全部铺装。由于场地周边有绿化带，界限清楚，便于管理，对防尘、减弱噪声有一定作用；但场地内没有树木遮阴，夏季烈日暴晒，对车辆损伤厉害。

2.树林式绿化停车场

多用于停车场面积较大，场地内种植成行、成列的落叶乔木。由于场内有绿化带，形成浓荫，夏季气温比道路上低，适宜人和车停留；还可兼作一般绿地，不停车时，人们可进入休息。

停车场内绿地主要功能是防止暴晒，保护车辆；净化空气，减少公害。绿地应有利于汽车集散、人车分隔、保证安全；绿化应不影响夜间照明和良好的视线。

绿地布置可利用双排背对车位的尾距间隔种植干直、冠大、叶茂的乔木。树木分枝点的高度应满足车辆净高要求，停车位最小净高：微型和小型汽车为2.5 m；大型、中型客车为3.5 m；载货汽车为4.5 m。

绿化带有条形、方形和圆形3种：条形绿化带宽度为1.5 ~ 2.0 m；方形树池边长为1.5 ~ 2.0 m；圆形树池直径为1.5 ~ 2.0 m。树木株距应满足车位、通道、转弯、回车半径的要求，一般为5 ~ 6 m，在树间可安排灯柱。由于停车场地大面积铺装，地面反射光强、缺水及汽车排放的废气等不利于树木生长，应选择抗性强的树种，并应适当加高树池（带）的高度，增设保护设施，以免汽车撞伤或汽车漏油流入土中，影响树木生长。

停车场与干道之间设置绿化带，可以和行道树结合，种植落叶乔木、灌木、绿篱等，起到隔离作用，以减少对周围环境的污染，并有遮阴的作用。

3.建筑物前广场兼停车场

可利用建筑物前广场停放车辆，在广场边缘种植常绿树、乔木、绿篱、灌木、花带、草坪等，还可和行道树绿带结合在一起，既美化街景，衬托建筑物，又利于车辆保护和驾驶员及过往行人休息。但汽车起动噪声和排放气体对周围环境有污染。也有将广场的一部分用绿篱或栏杆围起来，有固定出入口，有专人管理，辟为专用停车场。此外，应充分利用广场内边角空地进行绿化，增加绿量。

二、自行车停车场的生态规划设计

应结合道路、广场和公共建筑布置，划定专门用地合理安排。一般为露天设置，也可加盖雨棚。自行车停车场出入口不应少于2个。出入口宽度应满足两辆车同时推行进出，一般2.5 ~ 3.5 m。场内停车区应分组安排，每组长度以15 ~ 20 m为宜。自行车停车场应充分利用树荫遮阳防晒。庇荫乔木枝下净高应大于2.2 m。地面尽可能铺装，减少泥沙、灰尘等污染环境。北京市利用立交桥下涵洞开辟自行车停车场，既解决了自行车防晒避雨问题，又部分缓解了人行道拥挤，很受市民欢迎。

第四章　地域性城市设计方法

第一节　城市文脉构成要素分析

城市特色作为城市长期历史文化积淀的结果，是城市文化差异的表现因子。城市文脉是保持城市特色的重要设计因素，从城市形态学的角度讲，不同的城市，在它的形态构成方面均需注重其城市的历史文脉特点和延续性问题，但实现文脉延续的手段和方法却不尽相同。

一、城市文脉

文脉来自语言学及符号学，直译应为“上下文”，它和“意义”一样，代表着对上下文确切理解的依赖。没有“上下文”，一个词的“意义”便不好掌握。因此，“文脉”在相当程度上决定了人们对作品的阅读和理解。文脉是指介于各种元素之间对话的内在联系，也是局部与整体之间对话的内在联系。推广到城市设计领域，城市文脉就是人与建筑的关系，建筑与城市的关系，整个城市与其文化背景之间的关系。城市文脉强调特定空间范围内个别环境因素与环境整体保持时间与空间的连续性，即和谐的对话关系：在人与自然的关系上，提倡人文与自然的协调平衡；在人文环境中力求通过对传统的扬弃而不断推陈出新。对城市文脉进行研究与探讨，有助于正确地传播信息，促进建筑与城市的明晰性。

城市文脉是城市赖以生存的背景，是与城市内在本质相关联、相影响的那些背景。城市文脉包含显性形态和隐性形态。显性形态包括人、地、物；隐性形态是指对城市的形势和发展有着潜在的、深刻影响的因素，包括城市的政治、经济、历史事件、文化背景及社会习俗、心理行为等。单纯的空间只有和一定的城市文脉相耦合，具有了高于物质层面的文化和精神的属性，才成为“场所”。所谓场所，是指空间从社会文化、历史事件、人的活动基地等特定条件中获得文脉意义。

二、对城市文脉研究的启示

（一）基本原理

通过对城市形态学研究可以了解到，城市文脉设计最基本的原理，就在于要寻找在某一城市特定的地理环境和文化模式下，各个时期、各种类型建筑之间已形成的联系法则，并研究在新的条件下应该如何应用、发展或修正这些法则，以改善城市的综合功能和形象。

（二）主要依据

城市文脉观念的主要依据：城市是渐变的，不是突变的；城市与建筑在这种渐变的过程中相互构成。所以，城市文脉的观念应该有两个基本点：一是单体设计要以总体为背景；二是“插入”的建筑与周围环境要有衔接。但是，城市文脉绝不是要求与原有建筑一致，也不是要设计师放弃个人风格；不论用什么手法，总是要既有创新又有延续；城市文脉不是封闭的重复，而是要使建筑增加新的意义。

（三）观念

在设计城市文脉时，既要继承历史，更要强调传统的延续不断和丰富性。历史上的城市，不是由纯物质因素组成。城市的历史是人类激情的历史，在激情和现实之间的平衡和辩证关系，使城市的历史具有活力。对城市来说，文脉强调活跃性、价值观念，强调一种公众活动的恢宏气概，同时力求与城市原有的经纬相吻合。

（四）内涵

理性主义设计者，对于城市具有一种技术的观念，而城市文脉试图对任何已知的城市元素给予具有文化尺度的三维空间的表达。建筑至少同时在两个层面上表达自己：一层是对其他建筑师及一批对特定的建筑艺术语言很关心的人；另一层是对广大公众——当地的居民，他们对舒适、传统的房屋类型及某种生活方式等问题很感兴趣。为了扩充建筑语言，必须深入民间，面向传统及大街上的商业俚语。文脉的设计原则是更富有人情味的原则。城市文脉美学的基本点，就是清除纯文化与杂文化——大众文化之间的严格差别，反对只要精美文化而排斥大众文化的倾向。

（五）趋势

城市既然是渐变的，就始终会有新旧的拼贴，虽然总的趋势是新陈代谢，但一般来讲，因为旧的类型在人们心目中占有地位和时间，所以旧的类型和法则总是处于多数的位置，这就是说，在新旧共存的情况下，旧的总是要处于主宰的地位，这就是文脉的要求。城市形态的变与不变，不是管理者或建筑师所能主观决定的，实际上，它是社会及其文化生活模式变化的必然反映。

通过深入研究和理解城市形态与文脉的概念，找出它们特有的联系法则，可以用来指导城市设计和新建筑的创作。通过深层地汲取和运用城市文脉的特性和法则，在城市设计的指导下，以文脉作为创作的基本要求，可以创造出既符合城市历史又具有时代特性的设计作品来。因此，从城市形态学研究切入，挖掘与城市文脉相关的内容，为城市设计实践提供理论依据和方法，具有重要的现实意义。

第二节 地域性城市空间结构要素识别

就城市地域空间范围来说，地域性城市空间结构反映的是地域性城市系统中各个要素之间的空间组织关系，而各构成要素在空间上的不同组合，也使得地域性城市具有十分丰富的内部形态和结构，这些类型各异的内部形态结构也是确定地域性城市空间发展模式的基础和依据。

空间结构要素方面的研究，一直是学术界研究的热点，学者纷纷提出了自己的见解，并构建了相应的模型，或认为现代区域空间结构包括节点、域面等；或将空间结构要素归纳为节点、梯度、通道、网络、环与面；或认为在区域经济发展过程中结节点的内聚力不断增强，区域内部逐步形成以结节点为中心、由强至弱的经济发展梯度，这个梯度通过各种渠道联结起来，从而形成经济中心、经济腹地和经济网络。具体到地域性城市空间结构，由于具有多层次的性质，在不同层次，其空间结构的组成要素及结构特征有很大差异。虽然也有学者分别从点、线、面三个空间地域层次对城市系统进行了分析，但对各组成要素含义的界定、具体的空间表现形式及各要素之间关系的分析还有待商榷。借用景观生态学中廊道、基质等相关概念的界定，用来描述地域性城市空间结构的基本要素可抽象表示为"点—线—面"（点—轴—圈）三要素，即地域节点、地域廊道、地域基质。它们在地域性城市发展中起着不同的作用，其中地域节点是起主导作用的要素，地域基质是起基础作用的要素，地域廊道则是起连接作用的要素。

一、地域节点

地域节点是地域性城市空间结构中最基本的要素单元，指城市范围内由城市的内聚力作用产生极化效应而形成的地域中心，是地域性城市空间结构系统形成的基础。地域节点往往是城市活动最密集、最活跃的地方，内部存在着明确的功能分区，其数量的多少和质量的大小均会对城市发展产生巨大影响，一般由相互联系的多个生态地和历史物件组成。其中，生态地是指绿地、水池、树林等一系列具有生态意义的点；历史物件是地域性城市的核心。关于历史意义的物件的定义和归类千差万别，通常根据研究和管理的目的去定义。例如，可将其定义为能够代表城市历史所有因素的总和，包括建筑资源、风景和风俗文化等，甚至包括了地方特有的一些事物。地域节点在一定空间上的积聚形成了吸引物聚集体。由于吸引物聚集体吸引力的重要程度不同，地域节点聚集体在空间上也具有等级层次性。

地域节点还包括了游憩生态区、历史文化街区、风景名胜区、高科技园区、博物馆等地域功能区，既有利用历史文化遗产而创造出的有鲜明文化特质的城市景观，也有城市建设者经过不懈的创新而赋予的具有时代特征的城市景观。对地域节点的分析主要可从以下三个方面来进行。

第一，地域节点的规模等级体系。城市范围内不同地域节点之间的相互关系构成了节点的规模等级体系。根据地域节点吸引力重要程度的差别，遵循地域资源突出主导因素、注重全面发展和兼顾区域性等原则，可将地域节点划分为一级节点、二级节点、三级节点等级别。一级节点是城市的核心吸引物，也是地域性城市发展的最基本的推动力；二级节点也具有地域意义，是增加城市地域性的重要因素。研究节点的规模等级体系，可以明确节点由大到小的序列与地域特色的关系，揭示城市内各节点的分布状况，从而为制定地域性城市发展战略提供依据。

第二，地域节点的职能体系。城市范围内分工不同、职能不同的众多地域节点，通过各种形式和渠道的协作配合，服务于整个地域性城市，由此构成各个节点在城市活动中的分工体系，即节点的职能体系。地域节点的规模和等级不同，则层次级别也不同，其主要功能就有差异。一般根据地域节点在地域性城市设计范围内所起的作用和质的相似性分成若干类，以此来考察它们的职能结构特点及相互关系。地域节点之间的空间相互作用关系主要有从属关系、互补关系、依附关系、松散关系、排斥关系等。

第三，地域节点的空间分布体系。这是指有面积大小和形状之分的各地域节点在地域性城市地域范围内的组合形式、相互分布位置，是职能类型结构和规模等级结构在地域性城市空间组合的结果和表现形式。主要从地域节点的分布频度和空间组合形式两方面进行研究。地域节点的分布频度，可用节点分布密度、节点间间距、离散程度、均匀程度等指标描述，最常用的是节点分布密度。按地域节点划分的空间组合形式可分为多种，如条带状的街区、团块状的游憩商业区等。

二、地域廊道

地域廊道是地域性城市设计得以运行和实现所必需的空间载体，指由城市交通、文脉、自然生态等要素组成的线状路径，是连接城市各个文脉节点和生态节点之间的通道（路径），也是文脉和自然的流动轨迹。历史街道、绿化带等都是地域廊道的组成内容。按照不同主题对文脉资源、产品进行组合可以形成不同的地域廊道。

就地域性城市范围而言，地域廊道一般依托地域节点而存在，是地域性城市设计的基础要素和在城市地域空间横向拓展的渠道，也是地域性城市的基本空间条件，承担着各地域节点之间交换和融合的功能。经过长期的发展，一条地域廊道上往往会形成众多的地域节点，同时对附近区域有扩散作用，从而也使普通的地域廊道转变为“地域发展廊道”。当然，由于地域性城市系统内各地域节点是分等级的，因此，地域廊道也是分等级的——可以根据其组成要素的数量、密度、质量及重要性等划分出不同的等级。

交通线路是影响地域节点通达性的一个重要因素，它的延伸方向和分布情况往往直接影响城市的空间分布。另外，地域路径的发育程度在很大程度上也会影响地域性城市的实现。因此，地域廊道研究以地域交通线路为主。地域廊道的优化应充分考虑各级别的地域节点之间的直接通达性。

三、地域基质

地域基质是“地域节点”和“地域廊道”所依托和覆盖的地域，即受到地域节点吸引或辐射影响而形成的腹地。它是地域节点、地域廊道等要素赖以存在的空间基础。如果没有“地域基质”，就不会有“地域节点”和“地域廊道”。对地域基质的研究有利于弄清楚地域性城市的环境背景。借鉴景观生态学中基质的概念——斑块镶嵌内的背景生态系统土地利用类型，是背景结构，一般表现出面状分布状态，也可以是点状单元随机呈较密集的连续分布，形成宏观背景，认为地域基质具有确定的空间范围，由一个或多个相似的地域节点组成，是地域节点形成与发展的基础，也是各种城市活动的地域依托和承载背景，其空间范围和内部要素的集聚程度等，都会随着与地域节点和地域通道的相互作用和影响的状态而发生相应变化。例如，当地域基质上出现新的地域节点时，其发展实力往往就会随之增强。而相同的地域节点集合，不同的连接方式和连接程度，往往会形成不同功能的地域基质结构——可以呈放射状、扇形、带状、环状等不同形状。作为空间结构的构成要素，“域面”同“区域”本身存在区别：“域面”是“节点”和“轴线”及它们的作用和影响在地表上的扩展，不包括“节点”和“廊道”；“区域”则包括“节点”和“廊道”。对“域面”的分析通常会提及域面的范围、质量等。域面的范围，就是地域性城市的范围；域面的质量，指生态发达程度及文脉资源丰度。一般来说，域面的发展水平越高，其地域节点就越多，地域廊道就越密，城市功能就越完善，空间结构相对越合理。

地域性城市有着自己的组织特点。关于地域性城市空间结构系统构成要素的提取，可分别将吸引物集聚体视为地域节点，将城市行政区视为地域基质，将地域交通线路视为地域廊道。组成地域性城市空间结构的基本要素具有不可缺一性，地域节点、地域廊道、地域基质三大要素相互依存和相互作用，共同构成地域性城市空间结构系统。同时，由于地域性城市各种空间要素的不同组合，也形成了多样化的地域性城市空间结构系统，各系统呈现不同的特色。

第三节　地域性城市空间形态认知

地域性城市空间结构与空间形态之间是相互影响、相互依赖的关系，空间结构影响了空间形态，而空间形态又往往限定了空间结构。要素的空间位置与分布形态是表层空间结构，是可以通过经验认识到的地域性城市空间结构的表象。虽然把地域性城市空间结构构成基本要素抽象到物理学层面进行分析，可以将其分为地域节点、地域廊道、地域基质三大类，但在具体的空间表现形式上，地域性城市空间结构构成要素又有着不同的地域空间形态，其空间关系有相离、相邻、相嵌等，即地域性城市空间构成的基本单元是不同的，从空间形态上又可分为地域中心地、地域特色节点、地域特色廊道、对外廊道、地域生态带等。地域性城市空间形态是城市经济发展的投影。

一般来说，城市区域常常聚集有大量的高级别地域节点，在城市的中心城区形成地域中心地，在城市的远郊形成以高级别景点为中心的地域区，在城市的郊区形成环城地域带，通过放射及环状基础设施相连接。从具体的空间表现形式和功能看，地域性城市空间结构也可以认为是以地域中心地、历史文物等为地域节点，以地域线路（轴线）为联系纽带，以城市所在地域整体行政区范围为地域基质或背景，使整个城市完成最基本的空间地域单元的点、线、面所构成的一个多层次的空间结构体系。总体来看，虽然地域性城市空间结构与空间形态之间相互依赖，但并不表现为绝对的支配关系，其间可能存在着渐进的变异或突变等情况，同样的地域性城市空间结构可能对应着若干不同的地域性城市空间形态，反之亦然。城市的发展和空间结构的变化，仅仅改变了地域节点、地域廊道、地域基质等基本要素的空间形态，提高了它们的作用强度和空间效应。另外，随着区域一体化的推进，都将使得地域性城市的空间结构日趋复杂，逐渐形成复杂的网络体系，这也对地域性城市设计提出了新的挑战。

一、地域中心地

地域中心地是指地域性城市系统中，以文脉、自然为基础，文脉要素和自然要素集中布置所形成的空间地域单元，其空间形态有圆形、带形、环形和网格形等多种类型。地域中心地是地域性城市系统中最重要的组成部分，无论从功能完整性角度还是从地域完整性角度，地域中心地都是地域性城市系统中最核心的部分，也是各种城市活动得以顺利完成的重要保障。从某种意义上说，没有地域中心地的地域性城市系统不可能有完整和最优的系统功能，发展成熟的地域性城市至少都有一个以上功能齐全、地域边界较明确的地域中心地。

第一，地域中心地是地域性城市的重要节点。首先，地域中心地一般是以城市的文脉、自然中心为基础的，在地域性城市发展过程中形成对周围地域节点与次级地域中心地的功能辐射，促进了地域性城市增长极核的形成。其次，地域中心地本身一般具有较好的基础设施。

第二，地域中心地具有空间层次性。原因在于地域性城市设计具有层次性，围绕规模不同的各级地域要素建设发展起来的（点）和设施等也具有等级层次性。

第三，地域中心地具有演化性。随着城市的发展，地域中心地的功能逐步完善，会由级别较低的地域中心地成长为级别较高的地域中心地；相反，如果在地域性城市发展过程中不注意地域中心地功能上的完善与协调，也可能导致地域中心地等级降低，如果再加上地域中心地周围景点在功能上的退化，那么较低等级的地域中心地失去其中心地的职能便成为必然。

因此，地域中心地的优化应立足于地域性城市体系的有序化、合理化，对各层次地域中心地的功能进行整合定位，对各地域中心地之间的关系、地域中心地与地域节点之间的关系进行调整，为地域性城市的健康可持续发展创造条件。地域性城市的空间结构优化趋向应是多核心网络化发展：点状模式—增长极线状模式—增长轴面状模式—网络化发展。

二、地域特色节点

地域特色节点是地域性城市空间结构系统构成要素中最小的空间地域单元，是相对均质的吸引物聚集体，是城市的基本组成部分。节点的规模有大小之别，有多少之分。大规模的，除景物所占空间外，还有供城市设计逗留歇息、娱乐等场所；小规模的，仅有景物所占的面积很小的空间。景物多者，有几种到十几种景物；景物少者，可能仅有一两种景物。一个或多个地理位置接近、联系方便的景点通过地域线路在空间上组合起来便形成了地区。也就是说，地域节点是指在一定的地域空间上的地域资源（或地域吸引物）与服务设施及条件有机结合，能满足城市活动目的实现的地域综合体。它是一个特殊的“自然—社会—经济—文化”地域载体，是一类特殊的用地，能提供内容丰富、形式多样的活动项目，具备满足人们多层次需求的功能。一般来说，各节点都有自己的资源特色，与其他节点有着较为明显的差别。地域节点具有等级层次性。一系列不同等级规模节点的不同组合可以形成不同的地域廊道。地域性城市特色，不仅取决于地域节点的数量，更取决于地域节点的质量或者等级。当然，对于同一级别的地域节点而言，也与地域节点的可达性、文化性、生态性、特殊性等因素有关。

三、地域特色廊道

地域特色廊道可以从两个层次来理解：从微观层次来看，是指某一较低层次的地域基质内文脉组成的精神线路，是生态通道，不是实体的，是地域性城市特色规划的内容；从中观或宏观层次上看，指的是城市特色在空间上的一种表现，即一定地域空间，针对城市的发展目标，凭借生态资源、文脉资源及地域特色，遵循一定原则，专为城市发展而设计，并用相同特色把一系列（若干）地域节点合理地贯穿起来的路线（线性连续空间），实际包含了地域性城市所有组成要素的有机组合与衔接，是保持地域性城市地域空间结构完整性和有机联系的客观必备条件。地域特色廊道规划与设计不仅要考虑城市的发展特色，还会受到各地域节点之间的直接通达性、景观质量特色、交通路线等因素的影响。在地域性城市区域内，并非所有的地域节点之间都能直接通达，因此，地域特色廊道设计与布局越合理，通达性越强，地域性城市系统的作用就越强。

归纳起来，地域特色廊道具有下列特点：第一，地域廊道是通道，因此，它的等级和密度要根据生态和文脉来决定；第二，地域廊道是各中心地、节点、基质之间建立联系的桥梁和纽带，因此，地域廊道的走向及联系方式从空间层面直接影响到地域性城市的特色和质量；第三，地域廊道是地域性城市的主要构成要素，起着重要的结构性作用。

四、对外廊道

对外廊道可分为两类：一类是地域性城市内部交通线，称区内通道，是地域性城市空间构成要素；另一类是连接地域性城市与周围地区的交通线，称区际交通线。地域性城市系统是一个开放的系统，对外廊道是进入或离开地域性城市区域的“大门”。

地域性城市系统的对外廊道，保证了它与地域性城市间的交流，具有下列特点。第一，对外廊道具有层次性。地域性城市的等级层次性使得对外廊道也具有等级层次性。第二，对外廊道与对外通道之间存在功能上的互换性。对外廊道与对外通道之间不是截然分开的，对于较低层次的地域性城市来讲，某一线路可能属于城市的一个对外通道，但在较高级的地域性城市系统内，就可能属于地域线路。因此，在进行对外通道和地域线路优化设计时要注意这样一种双重身份。必须注意的是，对于已确定的某一层次的地域目的地系统来讲，地域线路、对外通道都仅具有一种职能。

五、地域生态带

地域生态带是一种特殊的城郊地域空间。随着地域城市的不断发展，以自然生态为主，并有传统文脉参与的地域活动和支撑这种活动的设施和土地利用，除部分发生于城市内部空间外，更多地随着城市化进程中出现的逆城市化潮流、城市居民回归大自然的偏好的增强，以及城市中心商务区高昂地租的外趋作用而逐步推向大城市郊区。因此，所谓环城地域带主要是针对城市居民和外来地域者的游憩需求，充分利用城市郊区的区位和环境优势，通过景观道路把各具特色的游憩中心地有机串联所形成的公共空间。由于受到地形、道路或其他障碍物的限制，环城生态带往往呈不规则状。环城生态带的空间特征可通过可达性和活动密度等进行描述。

第四节　地域性城市设计特点

一、整体性

整体性是指地域性城市空间结构系统具有的“整体大于部分之和”的特性。从系统论的角度看，系统的整体功能不等于系统各部分之和，若系统结构是合理的，其系统的整体功能将大于系统各部分之和，否则将小于系统各部分之和。因此，在进行地域性城市空间结构整合优化时，应从系统的整体出发，综合考虑地域性城市系统，着眼于系统的整体优化和整体运行。地域性城市系统的空间结构是由不同目标、不同变量、不同因子、不同空间等空间要素所构成的相互依赖和相互作用的具有特定功能的有机整体，各要素之间存在着稳定的联系，密切关联，整体性很强，诸如文脉节点的开发、生态节点的聚集与扩散分布变化、地域廊道的分布等，都会引起地域性城市空间结构的整体变化。

二、地域性

地域性城市空间结构的根本特点是具有地域性，即地域差异性。地域性城市系统以一定的地域背景为基础，以一定的地域空间为载体，体现在地域性城市空间结构各要素方面，并且在空间分布上具有特定的空间位置和明确的区域边界。尤其是城市景观方面，无论是自然景观还是人文景观，都具有自己独特的地域性。由于地域的自然景观突出地反映着它所在地区的地质、地貌、水文、气候、生物、土壤等自然要素及其相互作用的结果和特征，城市空间具有不同的自然条件和历史发展过程，因此，使不同的城市具有了明显的个性化的人文景观，具有自己的城市文脉。

三、开放性

地域性城市空间结构遵循发展经济学的集聚扩散原理，即任何一个区域的发展都是各种因素先向一个具有优势的区位聚集，再集聚到一定程度、不存在集聚经济和规模经济效益后，因素又会向外扩散。作为区域中的一个特殊类型，地域性城市空间结构发展也遵循这一原理——极化和扩散共同推动着地域性城市空间结构的形成和演化。随着城市规模的扩大，地域性城市中心区服务设施拥挤，建筑密度过高，出现饱和，此时城市中心区便会向周围地区扩散发展，不断地形成越来越大的地域性城市开放系统。在开放系统中，某一个地域节点可能属于多个地域廊道与地域基质。从这个角度来看，地域性城市空间结构的边界又是模糊的。地域性城市空间结构系统的开放性分析有利于确定城市资源开发的空间序列，明确地域性城市区域未来的空间演化方向。

四、层次性

地域性城市作为一个系统，其城市空间结构呈等级规模结构，从空间尺度来讲具有等级层次性。地域性城市空间结构系统随着城市的不断发展会愈来愈复杂，变成多层次、多元化、多要素的复杂系统。根据地域性城市空间结构系统的组成可以将其划分为不同的等级层次，如整体系统、一级子系统、二级子系统、要素等。越高层次的系统，相互关联、相互作用就愈复杂；对低层次系统的研究往往是了解更高一级系统的基础。因此，地域性城市所具有的层次性特点，形成有序的空间不均衡的地域性城市空间结构，使地域性城市系统内的划分等级成为可能，进而合理地划分不同层次的地区，确定它的等级、范围及其功能，使地域性城市的建设更科学。

五、协调性

地域性城市空间结构系统是一个复杂开放的有机联系系统，通过内部各子系统、次子系统等同一层次之间及不同层次之间的交流，以及由此引发的物资流、信息流和资金流等的接受与传输，反馈与负反馈，相互之间形成了一个密切联系的整体。一个可持续发展的地域性城市空间一定具有很好的协调性，既包含各个不同层次系统之间的协调，也包含系统内部各空间地域组成单元之间的协调，如生态中心地的区位、文脉廊道的设计、文脉节点的设置、生态区的安排分布等，都直接影响地域性城市系统的协调性。而对于具体的某一个地域性城市来说，虽然文化、行政、经济、地理维度分布不均匀，但整体上具有相对的协调性和稳定性。

六、动态演化性

地域性城市空间结构是受到自然力与人力两种力量的制约与引导逐渐形成和发展起来的，一直处于不断变化之中，是一个“人—自然”复合系统，形成后并非一成不变，特别是由于受到人口素质、社会经济发展水平和思想观念等各种人为因素的影响而形成的一个整体，地域性城市结构具有时间上的演化性，某一个要素发生变化，或者外部环境发生变化时，地域性城市结构会随之出现不同的发展趋势。总体上看，地域性城市空间结构总是滞后于城市发展速度，在短时期内，表示一种静态结构；在较长时期内，总体表示一种动态的演化过程。地域性城市空间结构优化具有城市空间实践指导意义，也是由于地域性城市空间结构具有演化性，其形成过程也是在一种空间构成组织的过程中客观存在的。

七、自适应和自组织性

地域性城市空间结构系统是一个动态的开放系统，是在城市内外长期的政治、社会、经济和文化等因素共同作用下逐步形成的。城市空间结构一旦形成，就会处于一种相对稳定的状态，即“城市结构惯性”。空间结构具有自组织性。所谓自组织性，是指系统在没有外部力量干预的情况下，仅仅由于系统内部各要素之间的联合行动或协作作用，使系统在时间、空间和功能上出现低级组织系统、高级组织或有序程度高的系统的性质，即从一种无组织状态自发地变成另一种组织状态。也就是说，系统可以自己走向有序结构就称为系统自组织。自组织系统具有很多特点。要素的涨落是系统自组织演化的原初诱因，系统的循环是自组织演化的基本组织形式，系统的充分开放性是系统自组织演化的前提条件，自组织系统演化的内在动力是系统的非线性相互作用，系统自组织演化方式具有相变和分叉等多样性，混沌和分形则揭示了从简单到复杂的系统自组织演化的图景。

城市系统内外环境的任何变化，如供给、需求、竞争及发展过程和模式，都是由许多超出地域性城市空间结构系统本身且不受其控制的因素决定的，都能引起地域性城市空间要素与结构的变化。系统为适应新的城市发展环境，必然会逐步调整，建立起新的稳定状态和结构，即具有自适应和自组织性。地域性城市空间自组织过程是地域要素在空间上的自主选择过程。

地域性城市系统现有的空间结构形态有其形成上的自组织性，虽然长期以来人力一直在干预。总体来看，空间组织有可能对空间整体的演化进程产生如下影响：当人为组织力与地域性城市自组织力同步时，会加速地域性城市的发展；反之，则会阻碍或延缓地域性城市的自组织演化过程。自适应性与自组织性是地域性城市空间结构优化的基础。自适应性包括三个方面：第一，地域性城市空间结构对城市内外界环境变化的自动反应性；第二，地域性城市空间受到城市内外界环境变化干扰后自动恢复平衡的稳定性；第三，为适应新的城市内外界环境而发生突变，导致地域性城市空间结构变化与重组的演化特征。

地域性城市所形成的整体结构不是“点轴串联”式的简单结构，多数反映为复杂的网络状特征。另外，尽管地域性城市空间结构具有“自组织功能”，但地域性城市空间重构总是滞后并阻碍着地域性城市空间的发展，这就对人为干预和科学引导地域性城市空间结构的转型提出了要求，也是进行地域性城市空间结构优化的意义之所在。

第五章 城市生态园林设计

第一节 园林生态系统

具有自净能力及自动调节能力的城市园林绿地，被称为“城市之肺”，它构成城市生态系统中唯一执行自然“纳污吐新”负反馈机制的子系统；是城市生态系统的一个重要组成部分，是以生态学、环境科学的理论为指导，以人工植物群落为主体，以艺术手法构成的一个具有净化、调节和美化环境的生态体系；是实现城市可持续发展的一项重要基础设施。在环境污染已发展为全球性问题的今天，城市园林生态系统作为城市生态系统中主要的生命保障系统，在保护和恢复绿色环境，维持城市生态平衡和改善环境污染，提高城市生态环境质量方面起着其他基础设施所无法代替的重要作用。

一、园林生态系统组成

（一）园林生态环境

园林生态环境通常包括园林自然环境、园林半自然环境和园林人工环境三部分。

1.园林自然环境

园林自然环境包含自然气候和自然物质两类。

①自然气候即光照、温度、湿度、降水、气压、雷电等，为园林植物提供生存基础。

②自然物质是指维持植物生长发育等方面需求的物质，如自然土壤、水分、氧气、二氧化碳、各种无机盐类及非生命的有机物质等。

2.园林半自然环境

园林半自然环境是经过人们适度的管理，影响较小的园林环境，即经过适度的土壤改良、适度的人工灌溉、适度的遮风等人为干扰或管理下的环境，仍以自然属性为主的环境。通过各种人工管理措施，使园林植物等受各种外来干扰适度减小，在自然状态下保持正常的生长发育。各种大型的公园绿地环境、生产绿地环境、附属绿地环境等都属于这种类型。

3.园林人工环境

园林人工环境是人工创建的，并受人类强烈干扰的园林环境。该类环境下的植物必须通过强烈的人工干扰才能保持正常的生长发育，如温室、大棚及各种室内园林环境等都属于园林人工环境。在该环境中，协调室内环境与植物生长之间的矛盾时要采用的各种人工化的土壤、人工化的光照条件、人工化的温湿度条件等都是园林人工环境的组成部分。

（二）园林生物群落

园林生物群落是园林生态系统的核心，是园林生态系统发挥各种效益的主体。园林生物群落包括园林植物、园林动物和园林微生物。

1.园林植物

凡适合于各种风景名胜区、休闲疗养胜地和城乡各类型园林绿地应用的植物统称为园林植物。园林植物包括各种园林树木、草本、花卉等陆生和水生植物。

2.园林动物

园林动物指在园林生态环境中生存的所有动物。园林动物是园林生态系统中的重要组成成分，对于维护园林生态平衡，改善园林生态环境，特别是指示园林环境，有着重要的意义。

3.园林微生物

园林微生物指在园林环境中生存的各种细菌、真菌、放线菌、藻类等。园林微生物通常包括园林环境空气微生物、水体微生物和土壤微生物等。

二、园林生态系统的结构

1.物种结构

园林生态系统的物种结构是指构成系统的各种生物种类及它们之间的数量组合关系。园林生态系统的物种结构多种多样，不同的系统类型，其生物的种类和数量差别较大。

2.空间结构

园林生态系统的空间结构指系统中各种生物的空间配置状况，通常包括：①垂直结构，园林生态系统的垂直结构即成层现象，是指园林生物群落，特别是园林植物群落的同化器官和吸收器官在地上的不同高度和地下不同深度的空间垂直配置状况；②水平结构，园林生态系统水平结构是指园林生物群落，特别是园林植物群落在一定范围内植物类群在水平空间上的组合与分布。

3.时间结构

园林生态系统的时间结构指由于时间的变化而产生的园林生态系统的结构变化。其主要表现为两种变化：①季相变化，是指园林生物群落的结构和外貌随季节的更迭依次出现的改变；②长期变化，即园林生态系统经过长时间的结构变化。

4.营养结构

园林生态系统的营养结构是指园林生态系统中的各种生物通过食物为纽带所形成的特殊营养关系。其主要表现为由各种食物链所形成的食物网。

三、园林生态系统的建设与调控

（一）园林生态系统的建设

园林生态系统的建设是以生态学原理为指导，利用绿色植物特有的生态功能和景观功能，创造出既能改善环境质量，又能满足人们生理和心理需要的近自然景观。

1.园林生态系统建设的原则

园林生态系统是一个半自然生态系统或人工生态系统，在其营建的过程中必须从生态学的角度出发，遵循以下生态学的原则，才能建立起满足人们需求的园林生态系统。

（1）森林群落优先建设原则

在园林生态系统中，如果没有其他的限制条件，应适当优先发展森林群落，因为森林群落结构能较好地协调各种植物之间的关系，最大限度地利用各种自然资源，是结构最为合理、功能健全、稳定性强的复层群落结构，是改善环境的主力军；同时，建设、维持森林群落的费用也较低，因此，在建设园林生态系统时，应优先建设森林群落。

（2）地带性原则

园林生态系统的建设要与当地的植物群落类型相一致，即以当地的主要植被类型为基础，以乡土植物种类为核心，这样才能最大限度地适应当地的环境，保证园林植物群落的成功建设。

（3）充分利用生态演替理论

生态演替是指一个群落被另一个群落所取代的过程。在自然状态下，如果没有人为干扰，演替次序为：一年生杂草—多年生草本—小灌木、乔木等，最后达到“顶极群落”。生态演替可以达到顶极群落，也可以停留在演替的某一个阶段。园林工作者应充分利用这种理论，使群落的自然演替与人工控制相结合，在相对小的范围内形成多种多样的植物景观，丰富群落类型，满足人们对不同景观的观赏需求；还可为各种园林动物、微生物提供栖息地，增加生物种类。

（4）保护生物多样性原则

保护园林生态系统中生物多样性，就是要对原有环境中的物种加以保护，不要按统一格式更换物种或环境类型。另外，应积极引进物种，并使其与环境之间、各生物之间相互协调，形成一个稳定的园林生态系统。当然，在引进物种时要避免盲目性，以防生物入侵对园林生态系统造成不利影响。

（5）整体性能发挥原则

园林生态系统的建设必须以整体性为中心，发挥整体效应。各种园林小地块的作用较弱，只有将各种小地块连成网络，才能发挥更大的生态效应。另外，将园林生态系统建设为一个统一的整体，才能保证其稳定性，增强园林生态系统对外界干扰的抵抗力，从而大大减少维护费用。

2.园林生态系统建设的一般步骤

园林生态系统的建设一般可按照以下几个步骤进行：第一步，园林环境的生态调查，包括①地形与土壤调查；②小气候调查；③人工设施状况调查。第二步，园林植物种类的选择与群落设计，包括①园林植物的选择；②园林植物群落的设计。第三步，种植与养护。

（二）园林生态系统的调控

1.园林生态系统的平衡

园林生态系统的平衡指系统在一定时空范围内，在其自然发展过程中，或在人工控制下，系统内的各组成成分的结构和功能均处于相互适应和协调的动态平衡。园林生态系统的平衡通常表现为以下三种形式：①相对稳定状态；②动态稳定状态；③“非平衡”的稳定状态。

2.园林生态失调

园林生态系统作为自我调控与人工调控相结合的生态系统，不断地遭受各种自然因素的侵袭和人为因素的干扰，在生态系统阈值范围内，园林生态系统可以保持自身的平衡。如果干扰超过生态阈值和人工辅助的范围，就会导致园林生态系统本身自我调控能力的下降，甚至丧失，最后导致生态系统的退化或崩溃，即园林生态失调。

3.园林生态系统的调控

园林生态系统作为一个半自然与人工相结合或完全的人工生态系统，其平衡要依赖于人工调控。通过调控，不但可保证系统的稳定性，还可增加系统的生产力，促进园林生态系统结构趋于复杂等。当然，园林生态系统的调控必须按照生态学的原理来进行。

（1）生物调控

园林生态系统的生物调控是指对生物个体，特别是对植物个体的生理及遗传特性进行调控，以增加其对环境的适应性，提高其对环境资源的转化效率。其主要表现在新品种的选育上。

（2）环境调控

环境调控是指为了促进园林生物的生存和生产而采取的各种环境改良措施。

（3）合理的生态配置

充分了解园林生物之间的关系，特别是园林植物之间、园林植物与园林环境之间的相互关系，在特定环境条件下进行合理的植物生态配置，形成稳定、高效、健康、结构复杂、功能协调的园林生物群落，是进行园林生态系统调控的重要内容。

（4）适当的人工管理

园林生态系统是在人为干扰较为频繁的环境下的生态系统，人们对生态系统的各种负面影响必须通过适当的人工管理来加以弥补。

（5）大力宣传，增加人们的生态意识

大力宣传，提高全民的生态意识，是维持园林生态平衡，乃至全球生态平衡的重要基础。只有让人们认识到园林生态系统对人们生活质量、人类健康的重要性，才能从我做起，爱护环境，保护环境，并在此基础上主动建设园林生态环境，真正维持园林生态系统的平衡。

四、园林生态规划

1.园林生态规划的含义

园林生态规划即生态园林和生态绿地系统的规划，其含义包括广义和狭义两方面。从广义上讲，园林生态规划应从区域的整体性出发，在大范围内进行园林绿化，通过园林生态系统的整体建设，使区域生态系统的环境得到进一步改善，特别是人居环境的改善，促使整个区域生态系统向着总体生态平衡的方向转化，实现城乡一体化、大地园林化。从狭义上讲，园林生态规划主要是以城市（镇）为中心的范围内，特别是在城市（镇）用地范围内，根据各种不同功能用途的园林绿地，进行合理布置，使园林生态系统改善城市小气候，改善人们的生产、生活环境条件，改善城市环境质量，营建出卫生、清洁、美丽、舒适的城市。

2.园林生态规划的步骤

①确定园林生态规划原则。

②选择和合理布局各项园林绿地，确定其位置、性质、范围和面积。

③根据该地区生产、生活水平及发展规模，研究园林绿地建设的发展速度与水平，拟定园林绿地各项定量指标。

④对过去的园林生态规划进行调整、充实、改造和提高，提出园林绿地分期建设及重要修建项目的实施计划，以及划出需要控制和保留的园林绿化用地。

⑤编制园林生态规划的图纸及文件。

3.园林生态规划的布局形式

（1）园林绿地一般的布局形式

城市园林绿地的布局主要有八种基本形式：点状、环状、放射状、放射环状、网状、楔状、带状和指状。从与城市其他用地的关系来看，可归纳为四种：环绕式、中心式、条带式和组群式。

（2）园林生态绿地规划布局的形式

实践证明："环状+楔形"式的城市绿地空间布局形式是园林生态绿地规划的最佳模式，并已经得到普遍认可。

因为"环状+楔形"式的城市绿地系统布局有如下优点：首先，利于城乡一体化的形成，拥有大片连续的城郊绿地，既保护了城市环境，又将郊野的绿引入城市；其次，楔形绿地还可将清凉的风、新鲜的空气，甚至远山近水都借入城市；最后，环状绿地功不可没，最大的优点是便于形成共同体，便于市民到达，而且对城市的景观有一定的装饰性。

第二节　园林植物与生态环境

园林植物是城市生态环境的主体，在改善空气质量、除尘降温、增湿防风、蓄水防洪，以及维护生态平衡、改变生态环境中起着主导和不可替代的作用。因此，只有了解植物的生态习性，根据实际情况合理地配置植物，才能更好地发挥植物的城市绿化功能，改善我们的生存环境。

一、植物与生态环境的生态适应

（一）植物与环境关系所遵循的原理

1.最小因子定律

定律的基本内容：任何特定因子的存在量低于某种生物的最小需要量，是决定该物种生存或分布的根本因素。为了使这一定律在实践中运用，奥德姆（Eugene Pleasants Odum）等一些学者对它进行了两点补充：①该法则只能用于稳定状态下；②应用该法则时，必须要考虑各种因子之间的关系。

2.耐性定律

任何一个生态因子在数量上或质量上的不足或过多，即当其接近或达到某种生物的耐受限度时，就会影响该种生物的生存和分布，即生物不仅受生态因子最低量的限制，也受生态因子最高量的限制。生物对每一种生态因子都有其耐受的上限和下限，上下限之间就是生物对这种生态因子的耐受范围，称“生态幅”。在耐受范围当中包含着一个最适区，在最适区内，该物种具有最佳的生理或繁殖状态，当接近或达到该种生物的耐受性限度时，就会使该生物衰退或不能生存。

3.限制因子

耐受性定律和最小因子定律相结合便产生了限制因子的概念。在诸多生态因子中，使植物的生长发育受到限制甚至死亡的因子称为“限制因子”。任何一种生态因子只要接近或超过生物的耐受范围，就会成为这种生物的限制因子。

（二）植物的生态适应

生物有机体与环境的长期相互作用中，形成了一些具有生存意义的特征，依靠这些特征，生物能免受各种环境因素的不利影响和伤害，同时还能有效地从其生境获取所需的物质能量以确保身体生长发育的正常进行，这种现象称为生态适应。生物与环境之间的生态适应通常可分为两种类型：趋同适应与趋异适应。

1.趋同适应

不同种类的生物，生存在相同或相似的环境条件下，常形成相同或相似的适应方式和途径，称为趋同适应。

2.趋异适应

亲缘关系相近的生物体，由于分布地区的间隔，长期生活在不同的环境条件下，因而形成了不同的适应方式和途径，称为趋异适应。

（三）植物生态适应的类型

植物由于趋同适应和趋异适应而形成不同的适应类型：植物的生活型和生态型。

1.植物的生活型

长期生活在同一区域或相似区域的植物，由于对该地区的气候、土壤等因素的共同适应，产生了相同的适应方式和途径，并从外貌上反映出来的植物类型，都属于同一生活型。植物的生活型是植物在同一环境条件或相似环境条件下趋同适应的结果，它们可以是同种类，也可以是不同种类。

2.植物的生态型

同种植物的不同种群分布在不同的环境里，由于长期受到不同环境条件的影响，在生态适应的过程中，发生了不同种群之间的变异与分化，形成不同的形态、生理和生态特征，并且通过遗传固定下来，这样在一个种内就分化出不同的种群类型，这些不同的种群类型就称为“生态型”。

二、生态因子对园林植物的生态作用

组成环境的因素称为环境因子。在环境因子中对生物个体或群体的生活或分布起着影响作用的因子统称为生态因子，如岩石、温度、光、风等。在生态因子中生物的生存所不可缺少的环境条件称为生存条件（或生活条件）。各种生态因子在其性质、特性和强度的方面各不相同，但各因子之间相互组合，相互制约，构成了丰富多彩的生态环境，简称生境。

生态因子对于植物的影响往往表现在两个方面：一是直接作用，二是间接作用。

直接作用的生态因子一般是植物生长所必需的生态因子，如光照、水分、养分元素等。它们的大小、多少、强弱都直接影响植物的生长甚至生存，如水分的有或无将影响植物能否生存；光强也直接影响植物的生长、发育甚至繁殖，过弱的光照使植物生长不良，甚至死亡，过强光照则使植物受到灼烧。

间接作用的生态因子一般不是植物生长过程中所必需的因子，但是它们的存在间接影响其他必需的生态因子而影响植物的生长发育，如地形因子。地形的变化间接影响着光照、水分、土壤中的养分元素等生态因子，而又直接影响着植物的生长发育。如火，不是植物生长中的必需因子，但是由于火的存在而使大部分植物被烧死而不能生存。

三、园林植物的生态效应

（一）园林植物的净化作用

1.吸收有毒气体，降低大气中有害气体浓度

在污染环境条件下生长的植物，都能不同程度地拦截、吸收和富集污染物质。园林植物是最大的“空气净化器”，植物首先通过叶片能够吸收二氧化硫、氟化氢、氯气和致癌物质等多种有害气体而减少大气中的有毒物质含量。有毒物质被植物吸收后，并不是完全被积累在体内，植物能使某些有毒物质在体内分解、转化为无毒物质，或毒性减弱，从而避免有毒气体积累到

有害程度，从而达到净化大气的目的。

2.净化水体

城市和郊区的水体常受到工厂废水及居民生活污水的污染而影响环境卫生和人们的身体健康，而植物有一定的净化污水的能力。许多植物能吸收水中的毒质而在体内富集起来，富集的程度，可比水中毒质的浓度高几十倍至几千倍，因此，水中的毒质降低，得到净化。而在低浓度条件下，植物在吸收毒质后，有些植物可在体内将毒质分解，并转化成无毒物质。

3.净化土壤

植物的地下根系能吸收大量有害物质而具有净化土壤的能力。

4.减轻放射性污染

绿化植物具有吸收和抵抗光化学烟雾污染的能力，能过滤、吸收和阻隔放射性物质，减低光辐射的传播和冲击波的杀伤力，并对军事设施等起隐蔽作用。

（二）园林植物的滞尘减尘作用

城市园林植物可以起到滞尘和减尘作用，是天然的“除尘器”。树木之所以能够减尘，一方面由于枝叶茂密，具有降低风速的作用，随着风速的降低，空气中携带的大颗粒灰尘便下降到地面。另一方面是由于叶子表面是不平滑的，有的多褶皱，有的多绒毛，有的还能分泌黏性的油脂和汁浆，当被污染的大气吹过植物时，它能对大气中的粉尘、飘尘、煤烟及铅、汞等金属微粒有明显的阻拦、过滤和吸附作用。蒙尘的植物经过雨水淋洗，又能恢复其吸尘的能力。由于植物能够吸附和过滤灰尘，使空气中灰尘减少，从而也减少了空气中的细菌含量。

（三）园林植物的降温增湿作用

园林植物是城市的“空调器”。园林植物通过对太阳辐射的吸收、反射和透射作用及水分的蒸腾，来调节小气候，降低温度，增加湿度，减轻了“城市热岛效应”。降低风速，在无风时还可以引起对流，产生微风。冬季因为降低风速的关系，又能提高地面温度。在市区内，由于楼房、庭院、沥青路面等比重大，形成一个特殊的人工下垫面，对热量辐射、气温、空气湿度都有很大影响。盛夏在市区内形成热岛，因而对市区增加湿度、降低温度尤为重要。植物通过蒸腾作用向环境中散失水分，同时大量地从周围环境中吸热，降低了环境空气的温度，增加了空气湿度。这种降温增湿作用，特别是在炎热的夏季，起着改善城市小气候状况，提高城市居民生活环境舒适度的作用。

（四）园林植物的减噪作用

城市园林植物是天然的“消声器”。城市植物的树冠和茎叶对声波有散射、吸收的作用，树木茎叶表面粗糙不平，其大量微小气孔和密密麻麻的绒毛，就像凹凸不平的多孔纤维吸音板，能把噪声吸收，减弱声波传递，因此，具有隔音、消声的功能。

（五）园林植物的杀菌作用

空气中的灰尘是细菌的载体，由于植物的滞尘作用，减少了空气病原菌的含量和传播，另外许多植物还能分泌杀菌素。据调查，闹市区空气里的细菌含量比绿地高7倍以上。

园林植物之所以具有杀菌作用，其原因一方面是由于有园林植物的覆盖，使绿地上空的灰尘相应减少，因而也减少了附在其上的细菌及病原菌；另一方面城市植物能释放分泌出如酒精、有机酸和菇类等强烈芳香的挥发性物质——杀菌素（植物杀菌素），它能把空气和水中的杆菌、球菌、丛状菌等多种病菌和真菌及原生动物杀死。

（六）园林植物的环境监测评价作用

许多植物对大气中有毒物质具有较强抗性和吸毒净化能力，这些植物对园林绿化都有很大作用。但是一些对毒质没有抗性和解毒作用的“敏感”植物对环境污染的反映，比人和动物要敏感得多。这种反应在植物体上以各种形式显示出来，或为环境已受污染的“信号”。利用它们作为环境污染指示植物，既简便易行又准确可靠。我们可以利用它们对大气中有毒物质的敏感性作为监测手段以确保人民能生活在合乎健康标准的环境中。

（七）园林植物的吸碳放氧作用

绿地植物在进行光合作用时能固碳释氧，对碳氧平衡起着重要作用。这是到目前为止，任何发达的技术和设备都代替不了的，植物在光合作用和呼吸作用下，保持大气中氧气和二氧化碳相对平衡的特殊地位。

第三节 园林设计指导思想、原则与设计模式

在现代景观以人为本的思想指导之下，结合现代生产生活的发展规律及需求，在更深层的基础上创造出更加适合现代的园林景观。更多地从使用者的角度出发，在尊重自然的前提下，创造出具有较强舒适性和活动性的园林景观。一方面在建筑形式和空间规划方面要有适宜的尺度和风格的考虑，居住环境上应体现对使用者的关怀；另一方面要对多年龄层的使用者加以关注，特别是适合老人和儿童的相应服务设施和精神空间环境。创造更多的积极空间，以满足大多数人的精神家园。

一、园林设计指导思想

（一）融于环境

园林景观依托于周围广阔的自然环境，贴近于自然，田园风光近在咫尺，有利于创造舒适、优美的景观。自然资源是这一区域的最重要的景观优势，设计者应当充分维护自然，为利用自然和改造自然打好坚实的基础：①创造良好的生态系统；②园林景观与城市景观相互协调；③建立高效的园林景观。

（二）以人为本

人与自然之间的关系和不同土地利用之间关系的协调在现代景观设计中越来越重要，以人为本的原则更是重中之重。这一原则应深入园林景观设计当中：尊重自然，满足人们的各种生理和心理要求，并使人在园林中的生活获得最大的活动性和舒适性。具体地说，要从两个层次入手。第一个层次是建筑造型上，应使人感到亲切舒服；空间设计上，尺度要适宜。能够充分体现设计者对使用者居住环境的关怀。第二个层次是园林景观设计不应该只考

虑成年人，还应当更多地去考虑老人与儿童。增加相应的服务设施，使老人与儿童在心理上得到满足的同时精神生活更加丰富和多姿多彩，将空间设计成为所有人心目中的精神家园。

（三）营造特色

一个城市的园林景观能否树立一个良好形象的关键在于它是否拥有自己的特色。要达到这一要求，不能将景观要素简单地罗列在一起，而是应该总揽全局，有主有次，充分利用已有的景观要素，通过对当地环境、地理条件、经济条件、社会文化特征及生活方式的了解，加入自己的构思，充分体现地方传统和空间特征，将其园林景观特色发挥得淋漓尽致。

（四）公众参与

无论是古代中国的园林还是世界各地的园林景观，在其出现之初，公共参与就与之相伴。然而园林景观发展到现在，现代理念不断更新，公众参与却逐渐消失。因此，要努力创造园林景观的建设条件，从当地的环境出发，创造出可以使居民对周围环境产生共鸣和认同感，对居民的行为进行引导，提高公众参与的兴趣与意识。结合当地的民风民俗及人文景观，利用当地、政府企事业单位的带头作用，激发园林景观的活力，形成公众参与的社会氛围。

（五）精心管理

亮丽的园林景观是发展中的动态美，要始终展现一个较为完美的景观状态是一个比较复杂生物系统的工程，需要社会各界人士的广泛支持，更需要公众对其有意识的维护。特别是在大力投资建设之后，管护的作用就更加突显，要坚持“三分建设、七分管理”，特别要注重长期性，经常性维护。

二、园林设计的原则

（一）协调发展

耕地不多，可利用土地紧张是我国现有土地的总体情况，合理利用土地是当务之急。在园林景观的设计建设中，首先要合理地选择园林景观用地，使得园林景观有限的用地更好地发挥改善和美化环境的功能与作用；其次在满足植物生长的前提下，要尽可能地利用不适宜建设和耕种的破碎地区，避免良田面积的占用。

园林景观用地规划是综合规划中的一部分，要与城市的整体规划相结合，与道路系统规划、公共建筑分布、功能区域划分相互配合协作。切实地将园林景观分布到城市之中，融合在整个城市的景观环境之间。例如，在工业区和居住区布置时，就要考虑到卫生防护需要的隔离林带布置；在河湖水系规划时，就要考虑水源涵养林带及城市通风绿带的设置；在居住区规划中，就要考虑居住区中公共绿地、游园的分布及宅旁庭园绿化布置的可能性；在公共建筑布置时，就要考虑到绿化空间对街景变化、镇容、镇貌的作用；在道路管网规划时，要根据道路性质、宽度、朝向、地上地下管线位置等统筹安排，在满足交通功能的同时，要考虑到植物种植的位置与生长需要的良好条件。

（二）因地制宜

我国的国土面积广阔，跨越多个地理区域，囊括了众多的地理气候，拥有各色自然景观的同时具有各自不同的自然条件。城市就星罗棋布地散落在广阔的国土上。因而在城市的园林景观的设计中要根据各地的现实条件、绿化基础、地质特点、规划范围等因素，选择不同的绿地、布置方式、面积大小、定额指标，从实际需要和规范出发，创造出适合城市自身的景观，切忌生搬硬套，脱离实际的单纯追求形式。

（三）均衡分布

园林景观均衡分布在城市之中，在充分利用空间的基础上增加了新的功能。这种均衡的布局更方便公众的使用与参与，比较适合城市的建设。在建筑密度较为低的区域可依据当地实际情况的要求增加数量较少的具有一定功能性质的大面积城市绿地等，这些公共场所必将进一步提升城市的生活品质。

（四）分期建设

规划建设就是要充分满足当前城市发展及人民生活水平，更要制定出满足社会生产力不断发展所提出的更高要求的规划，还要能够创造性地预见未来发展的总趋势和要求。对未来的建设和发展做出合适的规划，并进行适时的调整。在规划中不能只追求当前利益，避免对未来的发展造成困难。在建设的同时更要注重建设过程中的过渡措施和整体资源利益。

（五）展现特色

地域性原则主要侧重的是城市的历史文化和具有乡土特色的景观要素等方面的问题。建筑是城市景观形象与地域特色的决定因素，原生态建筑的形制、建筑群体的整体节奏及所形成的城市整体面貌就是城市的主体景观形象的体现。创造具有地方特色的城市景观就是要在景观设计中保护和改造具有传统地方特色的建筑，以及由建筑组合形成的聚落、城市。

（六）注重文化

文化景观包括社会风俗、民族文化特色、人们的宗教娱乐活动、广告影视及居民的行为规范和精神理念。这是城市的气质、精神和灵魂。通常形象鲜明、个性突出、环境优美的城市景观需要有优越的地理条件和深厚的人文历史背景作依托。无论城市景观设计从何种角度展开，它必定是在一定的文化背景与观念的驱使下完成的，要解决的是城市的文化景观和景观要素的地域特色等方面的设计问题。因此，成功的景观设计，其文化内涵和艺术风格应当体现鲜明的地域特色、民俗与宗教信仰。具有地域特色的历史文脉和乡土民俗文化是祖先留给我们的宝贵财富，在设计中应该尊重民俗，注重保护城市传统地方特色，并有机地融入现代文明，创造具有历史文化特色的、与环境和谐统一的新景观。

三、园林设计模式

（一）园林景观的形式与空间设计

1.点——景观点

点是构成万事万物的基本单位，是一切形态的基础。点是景观中已经被标定的可见点，它在特定的环境烘托下，背景环境的高度、坡度及其构成关系的变化使点的特性产生不同的情态。这些景观点通过不同的位置组合变化，形成聚与散的空间，起到界定领域的作用，成为独立的景点。具有标志性、识别性、生活性和历史性的城市入口绿地、道路节点、街头绿地及历史文化古迹等景点是城市园林景观规划设计中的重要因素。

2.线——景观带

景观中存在着大量的、不同类型和性质的线形形态要素。线有长短粗细之分，它是点不断延伸组合而成的。线在空间环境中是非常活跃的因素。线有直线、曲线、折线、自由线，拥有各种不同的性格。例如：直线给人以静止、安定、严肃、上升、下落之感；斜线给人以不稳定、飞跃、反秩序、排他性之感；曲线具有节奏、跳跃、速度、流畅、个性之感；折线给人转折、变幻的导向感；而自由线即给人不安、焦虑、波动、柔软、舒畅之感。景观环境中对线的运用需要根据空间环境的功能特点与空间意图加以选择，避免视觉的混乱。

3.面——景观面

从几何学上讲，面是线的不断重复与扩展。平面能给人空旷、延伸、平和的感受；曲面在景观的地面铺装及墙面的造型、台阶、路灯、设施的排列等广泛运用。

（1）矩形模式

在园林景观环境中，方形和矩形是较常见的组织形式。这种模式最易与中轴对称搭配，经常被用在要表现正统思想的基础性设计。矩形的形式尽管简单，它也能设计出一些不寻常的有趣空间，特别是把垂直因素引入其中，把二维空间变为三维空间以后。由台阶和墙体处理成的下陷和抬高的水平空间的变化，丰富了空间特性。

（2）三角形模式

三角形模式带有运动的趋势能给空间带来某处动感，随着水平方向的变化和三角形垂直元素的加入，这种动感会愈加强烈。

（3）圆形模式

圆是几何学中堪称最完美的图形，它的魅力在于它的简洁性、统一感和整体感。

4.体——景观造型

体属于三维空间，它表现出一定的体量感，随着角度的不同变化而表现出不同的形态，给人以不同的感受。它能体现其重量感和力度感，因此，它的方向性又赋予本身不同的表情，如庄重、严肃、厚重、实力等。另外，体还常与点、线、面组合构成形态空间。对于景观点、线、面上有形景观的尺度、造型、竖向、标高等进行组织和设计。在尺度上，大到一个广场、一块公共绿地，小到一个花坛或景观小品，都应结合周围整体环境从三维空间的角度来确定其长、宽、高。例如，座凳要以人的行为尺度来确定，而雕塑、喷泉、假山等则应以整个周围的空间及功能、视觉艺术的需要来确定其尺度。

5.园林景观设计的布局形态

（1）“轴线”

轴线通常用来控制区域整体景观的设计与规划，轴线的交叉处通常有着较为重要的景观点。轴线体现严整和庄严感，皇家园林的宫殿建筑周边多采用这种布局形式。北京故宫的整体规划严格地遵循一条自南向北的中轴线，在东西两侧分布的各殿宇分别对称于东西轴线两侧。

（2）“核”

单一、清晰、明确的中心布局具有古典主义的特征，重点突出、等级明确、均衡稳定。在当代建筑景观与城市景观中，多中心的布局形式已经越发常见。

（3）“群”

建筑单体的聚集在景观中形成“群”，体现的是建筑与景观的结合。基本形态要素直接影响“群”的范围、布局形态、边界形式及空间特性。

（4）自然的布局形态

景观环境与自然联系的强弱程度取决于设计的方法和场地固有的条件。

城市园林景观设计是重新认识自然的基本过程，也是人类最低程度地影响生态环境的行为。人工的控制物，如水泵、循环水闸和灌溉系统，也能在城市环境中创造出自然的景观。这需要设计时更多地关注自然材料，如植物、水、岩石等的使用，并以自然界的存在方式进行布置。

6.园林景观的分区设计

（1）景观元素的提取

城市园林景观应充分展现其不同于城市景观的特征，从城市的乡村园林景观、自然景观中提取设计元素。城市独具特色的景观资源是园林景观设计的源泉所在。城市园林景观设计从乡村文化中寻找某些元素，以非物质性空间为设计的切入点，再将它结合到园林规划设计中，创造新的生命力与活力。景观元素可以是一种抽象符号的表达，也可以是一种意境的塑造，它是对现代多元文化的一种全新的理解。在现代景观需求的基础上，强化传统地域文化，以继承求创新。

城市园林景观元素的来源既包括自然景观也包括生活景观、生产景观，这些传统的、当地的生活方式与民俗风情是园林景观文化内涵展现的关键要素。城市园林景观的形式与空间设计恰恰是从当地的景观中提炼元素，以现代的设计手段创造出符合人们使用需求的景观空间，来承载城市人群的生活与生产活动。

（2）景观形式的组织

城市的园林景观具有很强的地域表象，如起伏的山峦、开阔的湖面、纵横密布的河流和一望无际的麦田等，这些独特的元素形成的肌理是重要的形式设计来源。在这些当地传统的自然与人文景观肌理、形态基础上，城市园林景观设计以抽象或隐喻的手法实现形式的拓展。

（二）园林景观意境拓展

1.中国传统造园艺术

（1）如诗如画的意境创作

中国传统山水城市的构筑不仅注重对自然山水的保护利用，而且还将历史中经典的诗词歌赋、散文游记和民间的神话传说、历史事件附着在山水之上，借山水之形，构山水之意，使山水形神兼备，成为人类文明的一种载体，并使自然山水融于文明之中，使之具有更大的景观价值。中国传统山水城市潜在的朴素生态思想至今仍值得探究、学习、借鉴。

①“情理”与“情景”结合。在中国传统城市意境创造过程中，“效天法地”一直是意境创造的主旨。但同时有“天道必赖于人成”的观念，其意是指：自然天道必须与人道合一，意境才能生成。“人道”可用“情”和“理”来概括。在城市园林景观中，“情”是指城市意境创造的主体——人的主观构思和精神追求；“理”是指城市发展的人文因素，如城市发展的历史过程，社会特征、文化脉络、民族特色等规律性因素。

②对环境要素的提炼与升华。在城市园林景观的总体构思中，应对城市自然和人文生态环境要素细致深入地分析，不仅要借助于具体的山、水、绿化、建筑、空间等要素及其组合作为表现手法，而且要在深刻理解城市特定背景条件的基础上，深化景观艺术的内涵，对环境要素加以提炼、升华和再创造，营造蕴含丰富意境的“环境”，建立景观的独特性，使之反映出应有的文化内涵、民族性格及岁月的积淀、地域的分野，使其成为城市环境美的核心内容，使美的道德风尚、美的历史传统、美的文化教育、美的风土人情与美的城市的园林景观环境融为一体。

③景观美学意境的解读和意会。城市景观的人文含义与意境的解读和意会，不仅需要全民文化水准和审美情趣的提高，还需要设计师深刻理解地域景观的特质和内涵，提高自身的艺术修养和设计水平，把握城市景观的审美心理，把握从形的欣赏到意的寄托的层次性和差异性，并与专门的审美经验和文化素养相结合，创造出反映大多数人心理意向的城市景观，以沟通不同文化阶层的审美情趣，成为积聚艺术感染力的景观文化。

（2）理想的居住环境应和谐有情趣

一般而言，能够满足安全安宁、空气清新、环境安静、交通与交往便利，较高的绿化率、院景及街景美观等要求，就是很好的居住环境。但这离“诗意地居住”尚有一定的距离，“诗意地居住”的环境大体上应满足如下要求。

一是背坡临水、负阴抱阳。这是诗意栖居者基本的生态需求。背坡而居，有利于阻挡北来的寒流，便于采光和取暖。临水而居，在过去便于取水、浇灌和交通，现在它更重要的是风景美的重要组成。当代都市由于有集中供暖和使用自来水，似乎不背坡临水也无大碍。但从景观美学上考察，无山不秀、无水不灵，理想的居住环境还是要有山有水的。从生态学意义上看，背坡临水、负阴抱阳处，有良好的自然景观生态景观、适宜的照度、大气温度、相对湿度、气流速度、安静的声学环境及充足的氧气等。在山水相依处居住，透过窗户可引风景进屋。

二是除祸纳福、趋吉避凶。由于中国传统文化根深蒂固的影响，今天这两者依然是人们选择居所时的基本心理需求。住宅几乎关系到人的一生，至少与人们的日常生活密切相关。因此，住宅所处的地势、方位朝向、建筑格局、周边环境应能满足"吉祥如意"的心理需求。

三是内适外和，温馨有情。这是诗意地居住者精神层面的需求。人是社会的人，同时是个体的人，有空间的公共性和空间的私密性、领域性需求。很显然，如果两幢房子相距太近，对面楼上的人能把房间里的活动看得一清二楚，就侵犯了人们的私密性和领域感，会倍感不适，难以"诗意地居住"。但如果居住环境周围很难看到一个人，也同样会有不适感。鉴于人的这种需求特点，除楼间距要适宜外，居所周围也应有足够的、相对封闭的公共空间供住户散步、小憩、驻足、游戏和社交。公共空间尺度要适宜，适当点缀雕塑、凉亭、观赏石、小石积等小品，使交往空间更富有人情味，体现温馨的集聚力。

四是景观和谐，内涵丰富。这是诗意地居住者基本的文化需求。良好的居住环境周围应富有浓郁的人文气息。周边有民风淳朴的村落、精美的雕塑、碧绿的草坪、生机盎然的小树林是居住的佳地。极端不和谐的例子是别墅区内很精美，周围却是垃圾填埋场；或者一边是洋房，一边是冒着黑烟的大工厂。只有环境安宁、景观和谐、文化内涵丰厚的环境，才能给人以和谐感、秩序感、韵律感和归属感、亲切感，才能真正找到"山随宴坐图画出，水作夜窗风雨来"的诗情画意。

（3）建设充满诗意的园林社区

如何适应现代人的居住景观需求，建设富有特色的城市景观，开发人与环境和谐统一的住宅社区是摆在设计师面前的重要课题。由于涉及的技术细节是多方面的，这里仅谈几点建议。

其一，将建设“花园城市”“山水城市”“生态城市”作为城市建设和社区开发的重要目标。没有良好的城市大环境，诗意地居住将会“皮之不存，毛将焉附”。因此，在建设实践中要高度重视建筑与自然环境的协调，使之在形式上、色彩运用上既统一，又有差别。在城市开发建设中不能单纯地追求用地大范围，建设高标准，不能忽视城市绿地、林荫道的建设，至于挤占原有的广场、绿化用地的做法更应力避之。还要注意城市景观道路的建设，如道路景观、建筑景观、绿化景观、交通景观、户外广告景观、夜景灯光景观等。景观道路虽是静态景观，但若以审美对象而言，随着欣赏角度的变化，人坐在车上像看电影一样，又是动态的。

其二，在城市建设或住宅开发中注意对原有自然景观的保护和新景观的营建。有人误以为自然景观都是石头、树木，没什么好看的，只有多搞一些人工建筑才能增加环境美。因此，在建设中不注意对原有山水和自然环境的保护，放炮开山，大兴土木，撕掉了青山绿衣，抽去了绿水之液，弄得原有的青山千疮百孔。有很多城市市内本不乏溪流，甚至本身就是建在江畔、湖滨、海边，可走遍城市却难以找到一处可供停下来观赏水景的地方；有很多城市依山建城，或城中本来有小山，但山却被楼宇房舍所包围。这些都是应注意纠正的。

其三，建设富有人情味的园林型居住社区。所谓建设园林型社区，就是要吸收中国古典园林的设计思想，在楼宇的基址选择、排列组合、建筑布局、体形效果、空间分隔、入口处理、回廊安排、内庭设计、小品点缀等方面做到有机地统一，或在住宅社区规划中预留足够的空间建设园林景观，使居住者走入小区就可见园中有景，景中有人，人与景合，景因人异。在符合现状条件的情况下，可在山际安亭，水边留矶，使人在亭中迎风待月，槛前细数游鱼，使小区内花影、树影、云影、水影、风声、水声、无形之景、有形之景交织成趣。在社区中心应有足够的社区公共交往空间，可以建绿地花园，也可以设富有乡土气息的井台、戏台、鼓楼，或以自然景观为主题的空间。小区内的道路除供车辆出行所必需外，应尽可能铺一些鹅卵石小路，形成“曲径通幽”的效果。住宅底层的庭园或入口花园也可以考虑用栅栏篱笆、钩藤满架来美化环境，使居住环境更别致典雅。

其四，充分运用景观学和生态学的思想，建设宜人的家居环境。现代的住宅环境全部要求居住之所依山临水不大现实，但住宅新区开发中应吸收景观生态学的基本思想，建设景观型住宅或生态型住宅。可在建房时注意形式美和视觉上的和谐，注意风景予人心理上和精神上的感受，并使自然美与人工美结合起来。注意不要重复千篇一律的“火柴盒”“兵营”式的主筑，应充分运用生态学原理和方法，尽量使建筑风格多样化，富有人情味，使整个居住环境生机盎然。

2.乡村园林的自然属性

（1）山谷平川

地壳的变化造成地形的起伏，千变万化的起伏现象赋予地球以千姿百态的面貌。在城市景观的创作中，利用好山势和地形是很有意思的。当山城相依时，城市建筑就应很好地结合地形变化，利用地形的高差变化创造出别具特色的景观。这就要求建筑物的体量和高度与山体相协调，使之与山地的自然面貌浑然一体。

（2）江河湖海

山有水则活，城市中有水则顿增开阔、舒畅之感。不论是江河湖泊，还是潭池溪涧，在城市中都可以被用作创造城市景观的自然资源。当水作为城市的自然边界时，需要十分小心地利用它来塑造城市的形象。精心控制界面建筑群的天际轮廓线，协调建筑物的体量、造型、形式和色彩，将其作为显示城市面貌的“橱窗”。当利用水面进行借景时，要注意城市与水体之间的关系作用。自然水面的大小决定了周围建筑物的尺度；反之，建筑物的尺度影响到水体的环境。当借助水体造景时，须慎重考虑选用。水面造景要与城市的水系相通，最好的办法就是利用自然水体来造景而不是选择非自然水来造景。例如，我国江南的许多城市，河与街道两旁的房屋相互依偎，有的紧靠河边的过街门楼似乎伸进水中，人们穿过一个又一个的拱形门洞时，步移景异，妙趣横生。此外，也可以充分利用城市中的水流，在沿岸种植花卉苗木，营造“花红柳绿”的自然景观。

（3）植物

很多城市或毗邻树林，或有良好的绿带环绕，这些绿色生命给人们带来的不仅仅是气候的改善，还有心理上的满足。从大的方面来讲，带状的防护林网是中国大地景观的一大特色：在城市园林景观设计过程中，可以把这些防护林网保留并纳入城市绿地系统规划中。对于沿河林带，在河道两侧留出足够宽的用地，保护原有河谷绿地走廊，将防洪堤向两侧退后或设两道堤，使之成为市民休闲的沿河绿地；对于沿路林带，当要解决交通问题时，可将原有较窄的道路改为步行道和自行车专用道，而在两林带之间的地带另辟城市交通性道路。此外，由于城市中建设用地相对宽余，在当地居民的门前屋后还常常种植经济作物，到了一定季节，花开满院 、挂果满枝，带来了独具生活气息的独特景观。

3.园林景观的文化传承

快速的城市化脚步已将城市的灵魂——城市文化远远地甩在了奔跑的身影之后。在这个景观空间已经由生产资料转化为生产力的时代，又有哪个城市会为传统文化中的“七夕乞巧”“鬼节祭祖”“中秋赏月”“重阳登高”等人文活动留下一点点空间？创造新的城市景观空间成了一种追求，为了更快、更高、更炫，可以毫不犹豫地遗弃过去。但城市的过去不应只是记忆，它更应该成为今日生存的基础、明日发展的价值所在。瑞士史学家雅各布・布克哈特（Jacob Christopher Burckhardt）曾说：“所谓历史，就是一个时代从另一个时代中发现的、值得关注的东西。”无疑，传统文化符合这样的判断，它是历史，值得关注，但更应该依托于今天的城市园林景观，将其不断发展并传承下去。

4.城市园林景观的适应性

在当今城市园林景观发展中拓展其适应性，并使之成为维系景观空间与文化传承之间的重要纽带，也是避免因城市空间的物质性与文化性各自游离甚至相悖而造成园林景观文化失谐现象的有效措施。通过梳理城市的文化传承脉络，重拾传统文化中“有容乃大”的精神内涵，创造博大的文化底蕴空间以减轻来自物质基础的震荡，建立柔性文化适应性体系，进而催化出新的城市文化，是从根本上消融城市园林景观文化失谐现象的有效途径。同时，这是提高城市文化抵御全球化冲击的能力，使之融于城市现代化进程中得以传承并发展的必要保证。

传统文化中“海纳百川”的包容性、适应性精神构成了中国传统城市园林景观设计理念的重要核心，以“空”的哲学思辨作为营建空间的指导思想是最具有价值的观念。城市园林景观设计及管理中缺少对文化的传承，应该重新审视设计中对于不同的气候、土壤等外界条件的适应性考虑，加大对于人的行为、心理因素等内在需求的适应性探索，最为重要的是对于城市园林景观设计中“空”的本质理念的回归。“空”是产生城市园林景观功能性的基础，是赋予景观空间生活意义的舞台，更是激发人们在城市中进行人文景观再创作热情的行动宣言。

第四节　城市生态公园近自然设计

自然是人类的发源地。而德国林学家约翰·卡尔·盖耶尔（Johann Karl Gayer）提出的近自然林业理论的核心思想是“尊重自然，回归自然”。这值得我们借鉴到城市生态公园的近自然设计研究，指导了我们在遵循自然环境与现状条件的基础上，以生态学、景观生态学等为基础，通过科学的方法协调人与自然的方法，对植物、水体、硬质及照明景观提出基于多功能近自然生态系统的可行性方案。

一、城市生态公园近自然设计的提出

（一）观念有待转变

在城市生态公园的近自然设计理念发展过程中，以人类中心主义的哲学思想作为城市公园规划和设计思想的思维方式由来已久，以人的需求为主要目的，看重利益的回报，以人类体验为主的设计思想已不能满足现在城市生

态公园的发展需求。在生态文明的大背景下，我们应该把人类纳入自然系统中的一部分，从而考虑城市生态公园与城市之间，近自然设计与传统设计之间的关系：摆脱原有的人本主义思想，以自然的角度重新出发，思考自然的本真，把人类融入自然，以一种全新的生态价值观重新思考城市生态公园的近自然规划与设计。

（二）过分追求形式美

现代城市公园发展以来中西方园林风格不断冲击，崇洋思想悄然滋生，欧洲规则式园林的造型树木、树阵及大尺度规则式硬质铺装在不同程度上改变了一些城市生态公园的风格与设计思想。城市生态公园的近自然设计的表面形式当然要符合艺术美学，但不能仅仅看重美学感受，更重要的是它还是一门科学，如何把城市生态公园内部的生态系统结构与功能性协调，不能违背自然原则，而是适应自然关系，创造机理自然与感受自然并重的城市生活空间。

（三）盲目引进外来物种

由于个人喜好，与基地调查的差距，设计人员在植物设计时会存在盲目引进外来物种的危险，但没有充分验证就盲目地引进外来物种会引发当地生态系统的不稳定，这对当地的生态平衡甚至是生态安全存在巨大的威胁。提前考虑不同的物种入侵可能性，不要等到发生了才开始治理，得不偿失。此外，可以充分挖掘地域性植物的特色，营造本土的近自然复层植物群落，群落稳定性越好，抵御物种入侵的能力越强，并从中获取灵感设计创新可以使城市生态公园的近自然设计独具特色，独一无二。

（四）草坪面积偏大

目前，城市公园建设受西方园林影响，大面积草坪的运用有趋多的倾向。草坪在前期设计与种植过程中与复层植物群落相比人力或资金投入或许会显得小，但是对于北方地区来说，气候比较干燥，夏季日照光线强，草坪根浅，存水少；但用水量很大，而且不成荫，需要勤修剪，人工管理费用高，生态效益差，也不利于生物多样性的发展。所以对于中国这样的水资源缺乏的国家来说，对城市生态公园这种注重生态效益的公园类型，大面积草坪应该避免使用。

（五）植物配置不科学

植物的配置在充分考虑地带性物种的同时，要充分在水平和垂直两个方向来分别考虑。在水平方向看来，植物间距是一个主要考虑的因素，设计师在设计时要充分考虑植物在生存各个时期的尺寸感知，而不要不考虑植物空间密度而种植过密；在垂直方向看来，主要考虑的是乔灌草藤的植物群落复层结构，充分考虑植物的喜阴喜阳、湿生旱生及根深根浅等生态习性的综合影响。现在的城市生态公园设计没有以科学的方法进行植物的配置，而主要以主观美学感受随意地进行植物景观设计是没有科学依据，而且缺乏生态效益的。

（六）设计脱离自然

城市生态公园近自然设计所提倡的是人与自然之间的相互依赖和谐共处，然而现在的城市生态公园有时往往从游人的使用功能性出发，着重考虑形式美感，人力管控投入与人为痕迹过重。所以在城市生态公园近自然设计过程中，对植物、水体、硬质、照明景观的设计都要考虑自然的特性与生态格局的链接，不仅外观感受近自然，而且设计肌理也要近自然。

二、目的与意义

（一）研究目的

①通过对近自然景观设计有关概念的界定及对国内外相关案例的分析研究，归纳、总结近自然理念在国内外城市生态公园中的先进做法和技术手段；挖掘自然资源及人文社会历史资源，加深城市生态公园的地域特色表达，避免众多生态公园建设趋同现象。

②遵循城市生态公园近自然设计的理念，在恢复自然景观风貌的同时，保护场地及城市的生态平衡；建立近自然植物群落合理的时间、空间、物质循环结构与层次，为人们提供一个和谐共生的良性生态循环的近自然植物景观环境。

③将主动设计途径、宫胁造林法等方法应用于植物、水体、硬质、照明

景观等各个要素的设计中。在提升城市生态公园的生态效益的同时，尽量减少人工干预和人为痕迹，以最小的投入获得最大的生态收益，加强生态公园自身系统与城市生态系统的联系。

（二）研究意义

①通过营造以地带性树种为主，乔、灌、花、草、藤相结合的“近自然”植物群落复层结构，实现植物群落的自我更新和演替，对提升生态公园生物多样性、促进城市生态系统的可持续发展具有重要意义。

②提出挖掘自然地域特征与社会人文环境内涵的方法，能够丰富城市生态公园建设的文化内涵和休闲娱乐等使用功能，同时提升了城市生态公园的地方文化属性和绿地景观的特色。

③科学地运用宫胁造林法和主动设计途径，在丰富城市生态公园近自然设计理论的同时，能够促进自然生境的恢复，逐步提高公园生态系统的原动力；避免过多人为干预与养护投入，节约物质空间资源，为今后的城市生态公园建设提供参考。

三、城市生态公园近自然设计的相关基础研究

（一）城市生态公园概述

1.城市生态公园的概念

根据我国公园分类系统，城市生态公园宜作为与基干公园、专类公园并列的一类，并且可有其他公园类型转化而来，是城市公园的新兴类型。城市生态公园可以看成是城市公园发展的一个较高标准，其形式多样；原有其他类型的公园可以通过营建逐步达到更高的生态标准，成为城市生态公园。

城市生态公园是为了应对生态环境的变化而发展的一种新兴类型，其概念可以从“城市的”“生态的”“公园的”三个方面界定。首先，城市生态公园处于人口密集、用地紧张的城市而不是郊区，它代表的是自然地理空间与社会属性的双重界定；其次，“生态的”是指针对宏观、中观、微观三个层面，它们相对应的是全球生态系统、城市生态系统、公园生态系统，角度虽有不同，但对应的都是构建过程中所遵循的生态原则、自然规律及包括人

在内的生物个体之间的良性互动；最后，其本质还是公园，是城市公共绿地的一种。

2.城市生态公园的内涵及特点

城市生态公园是随着人们对自然理解的加深而新兴的城市公园类型，它从整体性、多样性及其过程三个方面可以加深对城市生态公园的内涵与特点的理解。

首先，现代生态哲学的发展对人与自然的关系有了更加客观的理解。人类只是整个生态系统的一部分，人类生存在自然之中，城市生态公园本身的生态系统既不孤立，也不封闭，而是具有开放性的。它的物质、能量与信息可以与整个城市、区域甚至全球的生态系统相互循环流动，它的整体性针对整个生态系统的平衡与发展，符合新时代生态环境的全球一体化的现实。

其次，城市本身包含地域性，项目基址受自然环境和社会条件双重影响，城市生态公园会产生差异性，而城市生态公园包含的多样性含义丰富，包括了生物、景观、文化及功能等。此外，城市生态公园的内涵特性与目标都是一致的，但是具体形式一定丰富多彩。

最后，城市生态公园包含复杂多样的生物与生物环境，而人与生物群落的演替过程之间存在的互动，是一种长期的动态的发展过程。这个过程是城市生态公园保护和改善生态系统的途径与方法，而从公园营建初始到发挥应有的生态效益也是一个长期的过程。此外，从社会发展的角度来看，城市生态公园从出现之初到现在，它的设计理念也不是一成不变，而是不断改善与发展的过程。

保护型：主要指公园基地原始的自然环境与生态系统良好，没有遭到破坏，反而具有比较重要的生态意义。主要通过研究原有的资源，保护和利用原有的自然生态环境来实现生态效益的一类城市生态公园。

修复型：主要指原始的基地自然状态已遭破坏或者污染，必须通过生态技术手段系统地修复或整治而重新恢复原有自然生态系统，才能实现其生态效益的一类城市生态公园。

改善型：比较常见，主要指原有自然生态环境没有遭到严重的污染或者破坏，而且不存在需要特别保护的自然生态环境。通过营建独具地域性、多样性、自我更新演替能力的多层次生态系统来改善生境的一类城市生态公园。

综合型：在现实状况中，基地的各种条件都比较复杂，可能综合以上不止一种的情况，所以需要采取综合考量实施营建的手段，实现其多样化功能的一类城市生态公园。

（二）近自然设计的概念

近自然设计是指在尊重原有的现状条件和自然环境下，顺应且适应自然的法规，并以新时代的哲学理念思考人与自然的关系，把人作为自然的一部分来看待，注重人与自然的交流和互动；利用设计方法创新，模拟与接近自然状态的规划设计，争取以最小的人力投入与人为管控来达到最大的生态效益和自然感受，促进人与自然之间的生态平衡关系；充分考虑动植物之间的生存空间与和谐共生的关系和物质能量的循环利用，恢复自然环境更新演替的原动力，使人在自然感受中寓教于乐，并融合、改善不同层面的生态系统。

（三）城市生态公园近自然设计的含义

城市生态公园的近自然设计以可持续发展理论为基础，构建动植物自我更新演替的动植物生境是一个长期复杂的过程。其考虑的不仅是公园内部的结构和功能营建，而是与自然的良性交流互动，以及促进不同层面的生态系统的稳定性。在设计理念上应强调对原有的自然环境、自然条件与自然资源的考察与利用，并且注重物质能量的节约与循环利用，以自然之力重塑自然；在营建过程中应该避免使用不可再生材料与能源，而且针对场地现状分段、分期、分区域进行，避免对原生环境干扰，尤其在植物的种植过程中，应充分考虑其生长习性与不同时期生长状态；在后期的养护管理过程中，要尊重自然的生物进化优胜劣汰的规律，提倡通过自然方式筛选优势种，同时提供生物足够的生存空间，以较少人工管理与投入，促进自我演替更新的自然原生力。

在城市生态公园近自然设计的过程中，加深对近自然设计与传统设计方法的理解，充分地协调园内及其周边各种物质能量与自然资源的循环流动，有利于生物的多样性及不同层面的生态系统的稳定性。

（四）城市生态公园近自然设计的相关概念

1.景观生态学

景观生态学属于生态学的范畴，是景观设计应该遵循的科学理论基础，注重其整体与系统的联系与完善。它包含了景观结构和功能、生物多样性、物种流动、养分再分配、景观稳定性等基本原理。在指导我们进行城市生态公园的近自然设计中，可以更好地使我们在空间格局划分、生态演变过程及尺度考量等方面对生态格局规划设计有很好的借鉴性。

2.生态伦理学

生态伦理学首先是一门新兴的应用伦理学，主要基于生态学、环境科学来研究人与自然关系。它摒弃原有人类征服、控制、掠夺自然等以人为主的陈旧观念，而是把实现“人—自然”系统的和谐共生作为最高的价值理念与追求目标，提出人对自然的道德责任的要求，主张尊重与爱护自然、生命；对自然界应有道德与人文关怀，转变与协调人类同自然界相处的行为方式，以保护和改善自然生态环境为目的，促进生态系统平衡与稳定；通过可持续的方式整合自然资源，节约环境成本，是适应新世纪环境革命所需要的新兴生态战略发展支撑。

（五）城市生态公园近自然设计的相关理论

1.海绵城市理论

人们已经认识到战胜自然、超越自然与改造自然的城市建设模式会对造成城市生态危机的潜在威胁，而海绵城市所倡导人与自然和谐共生的低影响开发模式，又被称为低影响设计或低影响开放。构建海绵城市要依据合理的自然环境科学，避免人类对自然的影响，实现水资源永续利用循环系统，同时增强城市对降水等各种水资源的吸引与排放能力，改善城市水生态系统的稳定与安全。所以，海绵城市理论对城市生态公园的近自然设计理论的指导意义不容忽视，而且是城市水资源循环再利用和恢复自然原生力量，以及保护原有的水生态环境的科学借鉴与实践应用。

2.近自然林业理论

1898年德国林学家盖耶尔（Gayer）对残存的自然林进行研究后指出，森林的营造应回归自然，遵从自然法则，充分利用生态系统的自然力，使地域性树种得到目标值的生态效益和自然效应，使林业经营的过程接近于潜在的天然林分的生长发育，使林分生长也能够接近自然生态环境的状况，促进林分的动态平衡与系统稳定，并在人工辅助下维持林分健康生长，并由此提出“近自然林业”理论。近自然林业理论注重近自然复层森林结构和自我更新演替的能力，而此理论影响的近自然河流整治及对其他国家的近自然景观设计研究提供了重要的科学借鉴。

（六）城市生态公园近自然设计的相关方法

1.宫胁造林法

宫胁造林法是日本横滨国立大学教授宫胁先生在潜自然植被和新演替理论的基础上提出的，是一种环境保护林营建的方法。潜自然植被和新演替理论是既有区别又有联系的两个概念，相同的都是遵循自然的规律，而且目标都是形成能够达到演替的顶级结构；但不同的是，潜自然植被理论认为在适合的条件下，没有人为干预，能达到现有的自然地理环境存在的潜自然演替能力，而新演替理论则认为通过特定的人为投入可以缩短时间长度并达到自我更新演替能力。

宫胁造林法对近自然景观规划设计的科学指导主要表现在植物物种的选择和栽植过程及对植物群落营建的方式，而其中节约资源与投入以达到更好的生态效益的观念与近自然理念相互契合。同时在近自然理念的实际运用过程中，应当针对特定的地域与自然环境，科学考量人为干预管控与投入的尺度来达到近自然生态系统更新的目的。

2.主动设计途径

在英国森林体系的经营过程中，主动设计途径（The Proactive Design Approach，以下简称“PDA”）是作为美学理论基础的主要规划设计手段。它以三个主要方面作为设计原则层次架构：第一方面包括点、线、面、体的基本元素；第二方面包括数量、形状、尺寸、颜色、位置、方向、间隔、密度、时间、视觉力等方面对应基本要素的变量；第三方面是应对整体视觉效果的组织，包括结构要素、空间暗示、秩序、目标四个方面，而每个方面也有不同的方向。而景观视觉格局可以用基本要素、变量和组织三者所形成的语言来描述。PDA与中国传统美学有相通之处，都讲究“势”的作用，但中国传统美学重意轻形，而PDA则属于形式层次上的设计语言。

在以上所有基本设计原则中，形状、视觉力、多样性、统一性和场所精神被认为是最重要的，因为影响感知所以很大程度上影响了设计结果的优劣。这五项原则的主要目的是要我们尊重原有场地，注重乡土性、地域性景观保留与深化，通过美学的艺术形式表达内涵丰富的近自然特征景观，使生态与美感达到一种相互促进的平衡状态。

城市生态公园的近自然设计可以在设计实际实践过程与视觉美学感受质量等方面借鉴PDA，因为近自然景观设计不仅要在设计肌理内涵方面，而且在全方位视觉设计效果方面接近自然，如避免应用造型树木，注重场所和立地条件的保留利用，注重景观单元的节奏与空间等的灵活处理。此外要形意并重，发扬古典园林意境表达的精髓。

四、城市生态公园近自然设计原则

（一）自然保护生态优先原则

城市生态公园近自然景观设计的核心就是以自然为本，回归天然风貌。所以场地中的自然景观要集中保护起来，并且使自然景观尽可能发挥更大效用，保护人与自然共生。此外植物、水体、硬质、照明景观从设计理念到表达形式都要达到近自然的效益和感受，要注意近自然景观与自然式景观的不同，后者是中国古典园林的主要形式之一，强调景观意境的表达和观赏性，而近自然景观设计是一种接近及模拟自然的设计理念，注重生态效益。

同时要强调生态系统组合的合理性，以生态节能为原则，在时间、空间上与周围环境形成和谐共生的有机体，创造与自然接近的景观效果，最大限度地改善生态环境，维护整个生态系统的平衡与安全。以节约型园林作为城市生态公园近自然景观设计的重要指导思想，将资源的合理和循环利用原则，综合运用到前期踏勘、规划设计、施工、养护等方面，最大限度地节约物质材料，提高资源的利用率，促进资源、能量的循环利用，减少能源消耗以获得社会效益、环境效益、生态效益与自然效应的最大化。

（二）因地制宜原则

因地制宜中的“地”包含了众多因素，如气候、地形地貌、水文土壤、乡土动植物、施工原材料、建筑结构特色、历史人文、社会环境等多方面条件。其中，地域性顶级动植物演替群落结构是长期的自然选择的结果，本地环境的适应性强，而充分挖掘这些资源是我们前期必须要做的准备工作，并且融入设计的方方面面。

在城市生态公园的近自然规划设计中，每个场地项目都具有不同的区域文化、自然背景。如果能充分利用并且创造独具魅力的地域性景观，就可以展现地方性特色，同时节约人力与造价成本。另外，地域本身的动植物资源、建筑文化元素、历史人文特色都是我们可以利用的，并且创造独特的设计，也避免了与现在的规划设计方案趋于雷同的现象。

所以遵循因地制宜的原则，要选用具有本土特色的，包括从植物、动物、建筑材料、置石等的选择。在植物景观营造方面，综合考虑当地地形地貌、气候土壤，对当地自然风貌与环境的影响达到最小值，避免物种入侵。此外应注意四季景观的变化，注重地域性景观营造，将城市人文、民俗、历史等因素加入城市生态公园规划设计中，体现城市特色和文化。

（三）节约与可持续原则

城市生态公园的场地现状包括各种因素，如气候、土壤、地形、水文等都要作为我们考虑的对象，而只有充分考虑到这些自然条件，才能顺应自然规律的变化。此外，在设计过程中要充分运用乡土动植物资源、本地建筑铺装石材等易获得的材料来源，避免人力管控投入过大，并且使场地内相关资源能够相互良性作用，为彼此提供活动空间、生存条件，互惠共生。

节约包括对资源和资金的节约和高效率利用，并且是对二者的综合考虑，如在水节约与循环利用方面，利用绿地、雨水花园、透水铺装、地面径流、建筑排水引流、施工工艺等创意设计方式搜集雨水，并且在水体净化方面利用营造的动植物群落生境、自然砾石层等本身成景的公园设计景观结构过滤降水，净化搜集的雨水又可以重新运用到公园绿化生态用水和周边水系的水源补充。

城市生态公园的近自然设计应该减少场地过度设计，节约原料本身及运输成本，回收废旧材料，保留与利用原有自然资源；运用设计的创新思维，改造与建设可持续的循环利用系统可以减少人力与资金投入，也可降低人为干预。

（四）最小人为干预原则

城市生态公园的“近自然设计”所表达的核心思想即是能在减少人为投入与管控干预的前提下，发挥更显著的生态效益和自然效应。在城市生态公园建造初期，植物种植、土方平衡、硬质景观施工建造等免不了人力投入管控和人为干扰，但可以在过程中分期、分段、分区域进行，使人为干预最小化，保持公园原有生态系统和自然环境，而在后期植物养护过程中，应该要减少干预甚至逐渐不管理，使植物群落遵循优胜劣汰的自然法则，自主筛选优势物种，逐渐可以利用自然原生力量更新演替，融入整个生态系统发挥生态效益最大化，景观近自然化。同时，要运用科学的方法事先分析人为因素对公园建设各个阶段的影响，充分考虑天气因素，做到提问计划周详，积极应对突发状况。

此外，城市生态公园遵循生态学的原理，生态效益良好，但是人为的痕迹较重，它强调的是全过程的调控与管理，投入比重大，但加入近自然景观设计的思想，就可以很好地改良这一点。在设计中，要注重各种资源的近自然循环利用，以较少的人为管控达到各种资源可持续发展，使人类的作用不着痕迹地融入自然，使人工建设调控逐步向自然演替过渡，循环利用节约能源，减少额外负担。

（五）生物多样性原则

生物多样性微观表现在生物遗传基因，而宏观则表现在生物物种和生态系统，城市生态公园的近自然设计应结合这两个层面综合考虑。尊重场地原有植物群落与动物生境，保持地域性特色与原有现状；保护、恢复、改造、营建生物多样性高的动植物群落生境，广泛应用乡土动植物，植物设计方面借鉴“宫胁造林法”，通过对本土植物和优势树种的考察，模拟区域顶级群落结构，营造乔灌草复层结构，层次错落自然，避免大面积的草坪这种物种单一的群落结构，动物群体注重食物链的培养，只有这样，抵御物种入侵的能力也就越大，生态系统抗逆性强也越稳定；此外，要保护和恢复城市绿地中原有淡水、湿地、河流等的生态系统平衡，在前期踏勘与后期施工过程中都应避免干扰原有生态系统。

城市生态公园的近自然植物设计，往往赋予了更多恢复自然演替的目的，所以近自然手法是营造植物景观多样性、区域物种多样性，甚至是生态系统多样性探究的新途径。

（六）开放性原则

城市中的人们早已厌倦了钢筋水泥禁锢的喧嚣城市环境，向往大自然的清风、丛林、绿水；然而传统文化的含蓄，还有皇家官宦园林专权私有的后遗症导致现有城市公园、住宅区、附属绿地等只开放于特定人群或小部分人，这使得绿地生态效益和使用率也大大降低。此外国家近日针对现在城市建设的问题明确提出了中国以后城市规划建设的发展方向，提出为促进土地节约利用而实行住宅小区开放，并且城市绿色空间免费开放，使居民能够方便地亲近绿地。

五、城市生态公园要素近自然设计

（一）植物景观近自然设计

在城市生态公园中，每个生态系统都需要完整性，以实现功能的全面与完善，进而才能使小范围系统与地球总体生态系统融合。一个自然平衡的生态系统，免不了有多样性植物构成的生存环境。相同的，若植物群落能健康稳定地繁衍生息，也间接证明了这样的生态系统是有活力接近自然演替的。一般来说，植物群落的选择，特别是在以环境保护与修复为主要目的的城市生态公园中更应谨慎小心。

城市生态公园的近自然植物景观设计最主要的是尊重自然平衡，避免出现违反自然、违反初衷的行为出现。以少人工干预为目标，遵循植物的自然生长形态。修剪植物耗费了大量的人力、物力在人为美学上，所以近自然植物设计不需要这样的异形植物形态，以遵循少人工干预原则。

同时依照宫胁造林法的植物选择与栽植方法，不管在陆生植物与水生植物方面都要选取乡土植物，不要为了所谓的美化、创意、造型等人类意愿而造成生态系统的不稳定，所带来的损失会得不偿失。乡土植物种类因为得到了自然长期的考验，往往有较强的适应性和抗逆性及抗病虫害能力，易于养护管理，在自然的条件下可以更快地繁衍成林，且生态效益更佳。采用复层种植模式，以当地优势种建群，提高植物群落的多样性，另外注重营造植物景观的近自然观赏性。城市生态公园不仅具有生态恢复的特性，也是提供游人观赏、游憩、运动休闲的地方，以满足自然生态系统的功能完善性和植物本土适应性为基础；在植物配置上要运用美学原理，将自然的美通过人类的设计，以植物群落为载体，充分地展现出来。

（二）水体景观近自然设计

城市生态公园水体景观的近自然设计主要关乎三个方面：水体的形态、水循环利用、驳岸的设置。遵循近自然设计原则：首先，在城市生态公园规划设计中，水体形态要根据场地原始自然环境，不能为了水景而开挖土方，而是要随着地形和周围水文状况而确定水体形态；其次，水景不仅要满足城市生态公园供游人观赏、亲水的需要，也要形成一个降水搜集、降水净水、降水利用的循环系统以减少城市生态公园人力管控的投入；最后，在驳岸的设置中，要充分考虑陆生、湿生植物、动物的交流，不要轻易用水泥混凝土式规则驳岸阻隔物质能量信息交流。

（三）硬质景观近自然设计

硬质景观是针对软质景观提出的，是以人工材料营建而成的一类景观，以道路、铺装、建筑小品等为主。这类景观的人工痕迹严重，看似难以成为近自然景观，但是如果稍加改造而加以创意设计，会使游人的近自然体验升级，并且与植物、水体等软质景观融为一体。

在城市生态公园中，道路与场地的铺装应遵循避免人为痕迹过重的原则，在保证游人基本观景、游览功能完善的前提下，注重与植物、水体空间的相互交流；园路近自然设计要借用原有地形的纵坡、横坡设置园路线性的蜿蜒曲折，在尊重场地原有地形的变化前提下保证游人体验自然、亲近自然的游览功能的完善。

（四）照明景观近自然设计

照明是人类的伟大发明，改善了我们的生活，但是在城市生态公园照明景观方面，人为痕迹较为严重，如何让景观照明变为一种近自然景观是我们要关注的问题。首先，照明景观的外观造型应该与周围环境相协调，以功能性为主要导向，外观设计应注意它的藏幽处理。其次，节约能源是可持续生态建设的核心理论之一，尤其是北方地区夜晚时间长，夜景照明持续时间长，要注意节能灯具的选择，并且要注重太阳能的利用。

第五节　水与动植物景观

水不可能以孤立的形式无为地存在于环境之中，河流、湖泊、水塘都有着不同的生态培育作用，这些水体使人们直接联想到池中花、水中鱼，岸畔的各种动植物。这是一种必然的景象联想，也是人在长久的生存经验中形成的生态印象，它表明人对水景观作用的理解是综合性、广义性和衍生性的，水因生态作用而产生丰富的景观作用。

一、水与植物景观

（一）植物的景观功能

植物的景观功能分为两类。

1.生产性植物景观

生产性植物景观是指与水发生直接景观关系的，为社会生产与社会生活提供物质资源的植物景观。由于应用面广，其对区域景观有较大的影响，对环境生态与社会生产、生活有多重作用，并具有季节性变化的特性，形成于同一场地环境条件下的不同作用、不同形态、不同色彩、不同气息，以及给予人们不同希望的丰富景象。阡陌旁纵横交错的水渠，一望无际的稻田，满目葱绿的林地，充满诗意的藕塘，这些景致是自然的力量与人类智慧、勤劳结合的产物，在赋予人们充足的物质资源的同时，给予人们感官和精神上的满足。生产性植物景观无须刻意地视觉化设计，其形成的景观作用和视觉冲击力却是任何观赏性景观无法比拟的。

2.观赏性植物景观

观赏性植物景观是指与水体产生直接景观关系的水生植物景观和滨水生长的、以观赏性为主的植物景观。观赏性植物不仅与水景结合成为相互映衬的景观，而且还具有吸引动物栖息觅食、丰富环境景观形式、清洁水质、形成环境生态循环系统、保护环境水土流失、补充空气中氧气、保护环境生态健康等功能。不同植物种类对水与环境发挥的景观作用亦不相同，这取决于植物的生长习性和特征。只有在对水系环境、气候、土壤与植物生长特性、形态特征等因素进行充分了解的基础上，才能创建有利于水域环境的，美好、健康、合理的，符合生态持续发展要求的景观系统。

（二）植物配景的原则

在水景环境中，并非所有的植物都对景观具有优势作用，也不是所有的植物都适合在滨水环境中生长，需要根据各种因素与条件进行合理配置。作为植物配景，应注重以下配置原则。

1.种植原则

栽种什么种类的植物、采用什么种植方式是决定植物配景效果好坏的关键。植物选种需要依据其生长规律和生长形态，结合水景尺度、场地空间大小、水域面积、水体动静状态及原生态景观形式等因素来考虑植物种类、种植地点和种植方式。对于水生植物则应根据水景环境的土质、水流情况和水底情况，考虑采用直接种植或是盆栽放置等。在城市景观环境中，由于场地条件和水景条件的限制，地面高大的树木种植密度不宜过大，以免造成视觉阻碍和行为不便；对于较小的人工水景应考虑种植少量挺水、浮水和沉水植物作为点缀。

2.反哺环境原则

无论是岸畔和水生植物，对水域环境生态的持续发展都具有极其重要的作用，植物的根、茎、叶、花、果实为水体和陆地中的生物、动物提供丰富的生存条件，使得水域环境的生态形成向多样化的趋势发展。因此，植物配景不但要从视觉的角度进行设置，更应根据水域景观环境的总体生态条件和发展需要进行配置，力求在多物种、多系统相互作用、相互协调的状态下形成健康的景观环境。

3.控制不良因素原则

植物配置要根据环境条件与状况而定，不能简单地认为绿化即景观，绿化即生态。仅仅考虑景观效果而忽略植物在生长过程中产生的负面作用是不行的，这会造成环境安全、水质污染、堤岸垮塌、蓄水渗漏、行进障碍、空气有害物质含量过高等不良影响。

（三）植物配景作用

1.掩映作用

高大的岸边植物可对环境中的景物和光线造成遮掩，形成若隐若现、若明若暗的视觉感受，丰富场地的层次变化和阴影关系，增加环境空间感，并对环境中的水景、构筑物和不良景观进行遮掩。

2.构图作用

无论是在自然或人工的景观环境中，都会存有景观缺陷，尤其是对于较为宽阔的水域、过于平坦的场地和空旷的空间，简单的几条横线，构图显得单调、缺少变化；或是城市环境中，高楼围合下的水景环境，纵横交错的构图显得杂乱无序；规则的人工水景，几何形构图又显得过于简单。这些环境都可采用不同种类的植物配置，对环境的构图进行调整和优化，利用植物形态丰富场地的景观关系。

3.围合与区分作用

植物在环境中可发挥围合和区分不同空间的作用，以不同的数量、不同的形状和不同的种类划分出不同景观功能的区域。例如：在较深的水域中用植物围合岸畔以避免安全问题所起到的防护功能；行道边栽种植物起到隔离分区和视觉导向的作用。

4.色彩作用

季节变化是景观环境中的重要因素，对植物的形态与色彩影响巨大，不同的植物在不同季节所呈现的色彩现象各不相同。在水景环境中，植物色彩的变化直接影响着水面的影映关系色彩变化，同时给予观赏者不同的视觉感受和心理反应，体现不同的景观情调，并与水构成互为相应的对景关系。

5.生态延伸作用

植物景观本身就是生态的体现，它不仅给环境以丰富的观赏内容，由于植物生长的特征，还给环境带来生态价值和景观价值的延伸，植物的存在补充了空气的养分，植物的花朵、果实给环境带来芬芳的气息；水中植物给鱼类和两栖动物生长提供了食物；岸边的植物给鸟类和其他动物提供了觅食与栖息的条件，形成多物种相互作用的景观环境；动物的鸣叫为环境增添更多情趣……这些由于植物所产生的生态景观，给人类生活提供了更丰富的内容与环境氛围。

二、水与动物景观

（一）动物的景观功能

1.保持生存环境生态健康发展

不同水域环境形成了不同的动物种类，并限制其数量，这是自然的法则。而不同种类和数量的动物对其生存环境具有反哺的作用，动物的生长过程即是对环境产生影响作用的过程，处于不同生物链层次的动物在生存活动中对水体、土壤、植物及动物彼此间都会产生不同的作用，促使环境生态的各系统在相互影响中制衡、消长，并呈现平衡发展的状态。

2.为社会生产与生活提供物质条件

人类利用动物服务、生产与生活由来已久：逐水游牧、伴水而居，形成了传统的渔业、牧业和养殖业；食物、生产资料、皮革制品、交通运输等，为社会生产与生活提供了大量的物质条件。由于其规模化作业，各种种类的动物被分类饲养，这种在水域环境中的生产现象便形成了特殊的景观。

3.为人类提供观赏和垂钓活动

人类在长期与动物相伴的生活中已形成了密切的关系，在欣赏它的同时，在其间进行各种休闲、娱乐活动，体现不同生命间息息相关的联系。作为观赏对象无论是野生的或是驯养的动物，人们都对其关爱有加，尤其在城市环境中人们为满足对自然的眷恋，常在水景环境中饲养观赏性鱼类、水禽、飞鸟和其他动物，以动物的灵动和优美的身影去唤醒人们内心尘封已久的自然性情。

4.科研与教育

动物对于人类来说，是既熟悉又陌生的对象。动物的世界是人类探知不尽的领域，许多科技成果的形成都来自动物的启发和借助动物进行验证，动物生存与活动的现象也是科普知识教育的典范，如动物园、动物自然保护区等。因此，动物景观具有科教意义。

（二）动物景观类型

动物的种类繁多，本节不以动物学的分类方式进行划分，仅将与水景产生直接生存关系的、具有明显景观作用的动物类型进行甄别。从生存关系上分为水生动物、陆地动物、昆虫、两栖动物和水禽；从景观功能上分为野生动物、生产性养殖动物、观赏性养殖动物。

1.水生动物

作为景观的水生动物主要指鱼类，鱼类生长在水中，可视性受到一定的影响，加之鱼常常处于游动状态，只能透过水面看到时隐时现的身影，这也正是鱼类景观诱人之处。

2.陆地动物

所有陆地动物都离不开水，动物在水边饮水、嬉戏、栖息，使得水域环境更具情趣。

3.昆虫

昆虫是水岸或浅水区最为常见的动物，它们生长在植物与微生物丰富的水域环境中，形成种类繁多的群体，成为近距离景观，虫鸣使环境更具趣味性。昆虫也成为其他动物的觅食来源，并吸引飞禽等动物构成环境景观的特殊效果。

4.两栖动物

在生活环境中常见的两栖动物有青蛙、龟、螃蟹等，这些动物常出现在岸边的草丛和石缝中，虽然没有显著的视觉景观效果，但蛙鸣声给夏季的池塘增添无限的情趣，而龟、螃蟹也给人们的休闲活动增添许多乐趣。

5.水禽

水禽是水景中典型的景观，鸭、鹅、白鹭及许多鸟类都喜欢在水边觅食栖息，鸟鸣使环境逸趣横生，形成别具一格的景致。

（三）水景与动物的引入原则

1.野生动物的引入

野生动物种类的多少是衡量一个区域生态状况的重要依据，野生动物的引入是恢复区域生态的手段之一。这是一个长时期循序渐进的过程，并非抓几只野生动物进行放养就能使生态得以恢复，引入动物的种类与数量要靠水域环境的多种自然条件的吸引。当气候、水质、植物和其他动物等条件适合某些动物生息、繁衍时，这些动物会自然进入，并会由此产生连带引入的效果。通常首先是处于生物链较低层次的动物，如昆虫、鱼类，而后是小型食草类动物和鸟类进入，当小型食草类动物和植物发展到一定规模时，食肉类动物和大型食草类动物将会进入。这是自然平衡的法则，也是生态发展的规律。

2.饲养动物的引入

利用水域环境在水中和水岸饲养动物早已是人类生产的重要手段。逐水草放牧、围水养鱼、稻田养殖等，从传统牧业、渔业生产发展到综合性、多功能的养殖生产形式，养殖技术不断地发展，使得环境资源得以充分地利用，并由此形成特殊的景观。饲养动物在引入环境的方式上与野生动物有所不同。首先是动物本身，野生动物的生态敏感性高于饲养动物，环境适应能力较差，而饲养动物因长期受驯养，与人类共同生存在同一环境之中，其生存习性已经适应人类饲养的方式，基因中的野生敏感性已逐渐退化，因此，容易饲养。其次是环境因素，野生动物的引入在于水域环境的生态条件应适宜其生存要求，其进入对环境的生态发展具有建设性作用，而饲养动物因其适应性强，对水域环境的生态条件要求不高，并且其以生产为目的，通常是单一种类的动物饲养数量、规模较大，如果不以科学的方式进行节制性饲养，会破坏环境的生态平衡，造成环境生态系统运行障碍。饲养动物分为两类。

（1）生产性饲养

生产性饲养是以满足养殖动物生产与生活需要为目标的生产现象，主要是畜牧业、渔业、养殖业，饲养动物种类有牛、马、羊等食草类动物，各种鱼、虾、龟、鳖等水生和两栖动物，以及鸭、鹅等水禽类动物。这些家禽、家畜的饲养不仅为社会生产和生活提供了大量的物资资源，也与水体共同形成特殊的景象。生产性饲养动物无论是水生的、两栖的或是陆地的，由于生产规模的需要，通常选择生态条件较好的自然水域环境进行饲养，但易造成以下环境问题。

①引入动物的规模强势改变原生态结构。引入饲养动物因具有生长周期短、繁殖成活率高、动物数量增速较快等特点，迅速成为环境中的强势种群。自然环境中可供食物有限，易造成引入动物与原野生动物争食，导致原生态结构改变，并形成环境生态压力。因此，生产性饲养动物的引入应根据环境生态容量和原生态格局，科学地、适度地进行引入饲养。

②单一物种的蔓延。受经济利益的驱使，在水域环境中引入的外来动物种类，尤其在自然水系中用网箱养殖的外来鱼类，当适应水域环境后，流入自然水系，由于无天敌及其他物种的限制作用，容易造成外来动物的无节制生长、蔓延，形成区域性生态灾难。因此，对于外来物种的引入，应进行严格控制和科学验证。

③动物疾病的蔓延。引入的生产性饲养动物，多为经济型、改良型非本土动物种类，在引入动物的同时极易将其病害引入环境，造成水域环境中同类原生动物的免疫能力下降使病害相互传染，并随河流水系蔓延。因此，对于饲养动物的引入应严格根据国家相关法规执行检疫，保障环境生态健康。

④造成水质污染。在自然水系中引入鱼类和水禽类动物，为促成动物快

速生长，补充自然食物的不足，人们会利用现代技术制作适合动物生长需要的合成食物，并对水体中饲养的鱼类、水禽动物进行投放，由此造成大面积的自然水域的水质污染。其造成的环境生态损失远甚于养殖带来的收入。

（2）观赏性饲养

观赏性饲养动物多在城市的水景环境中进行小规模饲养，饲养的种类较为单一，主要以各种形态及色彩漂亮的观赏性鱼类和水禽为主。观赏性动物在饲养规模上远不及生产性动物，因而对于环境的生态影响力较小。但正因为动物的存在，才对城市环境的生态健康程度形成一种检测。城市环境中的水景条件有限（河流、湖泊和人工水景），水岸大多经人工处理，水域环境的自然弹性较低，加之城市人群流密集，对野生动物的吸引力有限。在生态条件较好的城市公园的水景环境中，只能吸引部分野生昆虫、鱼类和水鸟、水禽等小型动物。环境的生态营造和景观效果使观赏性饲养动物成为重要的造景手段，并以此弥补水景环境中的生态缺陷，吸引同类野生动物进入，达到提升环境生态健康程度，加强景观生态特征的目的。作为观赏性动物，其在景观环境中应注意以下配景要求。

①与环境生态协调。无论水中的鱼、水面的水禽或是岸上的动物，在引入时应注重与环境生态的协调，以环境生态条件为基础，发挥水系、微生物、植物、动物等物种间的相互作用，使水域环境生态保持稳定、协调的发展。只有协调的生态环境，才有美观的生态景观。

②控制数量与规模。饲养观赏性动物应根据环境条件对其引入数量进行控制，避免过快繁殖，造成环境生态压力。尤其是鱼类，当达到一定数量时应酌情减量，避免造成大量死亡，污染水质。

③注重与植物景观搭配。植物景观不仅是水域主要的配景，还是水生动物和水禽的天然食物与栖息环境，并与动物构成生态景观现象。因此，观赏性动物的引入需根据植物的景象关系、植物提供的食物结构与动物觅食关系、不同植物与动物的栖息关系等因素进行综合考虑，形成良好的生态运行功能。

第六章　城市景观地域性与生态性交融——城市景观生态设计实践

根据论文的研究方向和相关理论的总结分析，运用自己的知识积累对某公园进行了改造设计，内容包括该公园的彩色平面图、功能分区图、道路系统图及部分效果图等。

第一节　项目概况、现状与思路

一、项目概况

该公园位于中心区域，由三条城市主要交通干道及一条城市大型公益工程围合而成，南北纵深约440 m，东西宽约270 m，占地面积118 800 m^2，周边有政府办公楼和多个住宅小区。

二、项目现状

该公园修建时间较早，以今天的眼光来看在设计上有许多不足，尤其是在发挥景观的生态效应方面，还有欠缺的部分，总结出来有以下几点。

①公园原设计硬质铺装较多，绿化形式单一，景观效果一般。

②该公园原设计整体功能布局不够合理，不能够完全满足周边居民生活休闲的需求。

③公园的资源利用率较差，对于旁边的民心河水资源、乡土植物等利用不足，生态效益较差。

④后期维护管理较差、公园设施陈旧等。

三、设计思路

该公园在改造设计中采取现代造园手法，吸取国内外造园精粹，以东西方文化的结合，人与自然、人与环境的结合，形成具有时代气息的园林风格。

整个公园的改造提升本着“以人为本，以绿为主”的设计指导思想，使改造后的公园既有都市景观的现代之美，又融自然景观之秀，布局合理、精妙，它不仅具有优美的景观环境，同时能满足不同层次人群的需要，集观赏、游憩、文化、生态、避灾等多功能，较好体现了都市生态园林特色。

第二节 设计内容

一、平面布局

公园的改造设计方案，综合了园与广场的特点，整个公园以48 000 m^{2}的广阔人工湖为主体，由文化广场区、儿童活动区、中央景观大道、运动休闲区和老年活动广场等景观区组成，是城市文化休闲综合性公园（如图1所示）。

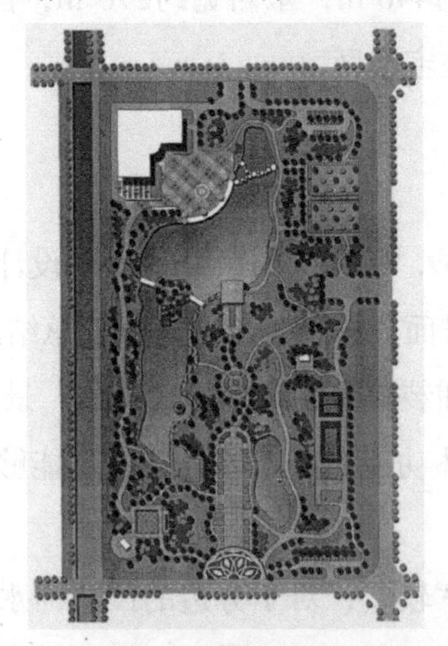

图1 公园平面图

公园改造后，以水为主，以绿为辅。充分利用公益工程，将水体引入公园，并且设计雨水花园，搜集、净化、利用雨水，塑造大面积亲水空间，同时强调绿化景观设计，注重对乡土植物及外来树种的综合配置，从而形成花木葱郁、富有韵律感的“蓝天映碧水，绿树伴花海”的生态景观空间。

该公园原为法制公园。公园内多雕刻着我国各种法律颁布的时间等，橱窗内也多见法律方面的宣传，一侧是民心河，河旁的雕像也是我国历史上关于法律方面有些建树的名人。这些文化元素在改造中要充分利用。

二、区域划分

整个公园在改造提升后分为六个区域：文化广场区、中央水系、中央景观大道、儿童活动区、运动休闲区及老年活动区。

①文化广场区主要包括一个集会广场，是公园内举行大型集会的场地，也可以作为应急避难场所。集会广场紧邻人工湖，广场上和人工湖上都设计了音乐喷泉。集会广场一角设计了一栋3～4层的建筑，集公园管理部门、展览室、老年大学、青少年宫等多项功能于一体，可以通过设置屋顶花园、墙面垂直绿化、室内绿化等方式，来增加绿化面积，丰富绿地形式，增加公园的生态效应。

②中央水系是改造设计中的一个重要部分，将公园一旁的民心河引入公园内，可以极大地丰富公园景观种类，调节公园的小气候，同时创造多样性的生物生长环境。中央水系中包含一个生态岛，湖心生态岛的设计一方面丰富了公园的绿地形式，增加了景观效果和游览乐趣，同时借鉴法国里尔的方式，设计微型自然保护区，保护珍稀资源和物种多样性，为其他城市景观的设计提供模板。

③中央景观大道主要以特色铺装和特色草坪为主。铺装采取雕刻图案的大理石，图案为法制相关内容，突出主题。特色草坪造型极富韵律感和造型感，既可以作为休息的座椅，也可以作为展示雕塑的展台，既丰富景观效果又充分利用原有资源。景观大道的尽头是观景平台，其视野十分开阔，可以俯瞰人工湖。观景平台上设有张拉膜，可为游客遮阳避雨。同时，观景平台

是公园内几条主要道路的交汇处，方便游人疏散。

④公园周围居民区较多，儿童也较多，因此，在改造中特地设计一个儿童活动的场地，这是原来的设计中所没有的。儿童的活动区域比周边地势低，中间是一个大型沙坑并摆放游乐设施，周围用生态木制台阶围合，方便家长照看儿童。台阶高度低，宽度宽，可供坐卧。周边植物乔灌结合，选用色彩丰富的无刺、无毒植物，既丰富景观效果，又不会影响儿童安全。

⑤运动休闲区主要包括一个运动广场，运动广场由一个羽毛球场、一个篮球场及若干健身器材构成，开阔的场地、丰富的器材能够满足周边居民的健身、运动需求。运动场地周围由高大乔木围合，在树种的选择方面主要选择常绿的树种，从而在后期形成树荫。

⑥老年广场由一条休闲长廊和两块休闲小广场构成。为老年人提供了或开放或私密，类型丰富的活动、交流空间。老年广场区域的植物主要以香樟、桂花、红枫、罗汉松、桧柏等四季常青的植物为主，满足景观和老年人心理需求。

合理的区域划分能够在满足功能需求的同时起到调节小气候、保护环境的生态效果，有较高的景观观赏性。

三、道路规划

该公园原有的道路设计较为简单，层次单一，有些道路设计并不人性化，尤其是随着新的区域划分，原有道路系统已经不能满足现有设计的需求。重新设计后园路的层次分明更加合理。

一级园路是公园主路，宽度为5～6 m，是公园的主要游览路线，也可以行驶机动车，路线完整并形成回路，突发火灾时可作消防通道；二级园路宽度为3～4 m，为一级园路的辅助道路，主要串联公园各个功能区和景点；三级园路1～2 m，为公园内的小路，通常仅供1～2名游人并行，丰富了园路系统，方便游人深入景点，增加游园乐趣。

第三节　生态设计亮点

该公园在改造设计后除提升了景观效果，能够更好地满足城市居民的生活、休闲需求外，更重要的是能够发挥一定的生态效益，改善区域生态环境。在本次的改造设计中，将城市景观生态设计原理充分应用于实践当中，通过生态设计方法和景观要素的合理运用，最终使改造设计有了不小的亮点。

一、设计方法

（一）建造雨水花园，节约资源缓解生态压力

雨水花园或由自然形成或由人工挖掘，其主要作用是汇聚并吸收来自屋顶或地面的雨水，保水性强渗透性差，是一种生态的、可持续的绿地景观，既有很高的观赏价值，又可以有效地控制和利用雨水资源。

现代城市中道路、建筑、硬质铺装太多，市区的土壤保水能力被严重破坏。雨水花园可以有效地增加城市地基的水分，恢复城市土壤生态系统。同时雨水花园能够调节气候，缓解城市的热岛效应，提高城市生态环境。雨水花园强大的渗水和蓄洪能力还能够分担一部分城市下水系统的功能，减轻市政设施的压力。

（二）合理利用资源及边缘效应，创造多样生境

通过模拟自然合理配置资源等方法，使城市公园绿地拥有水体、林地、草地、铺装等多种类型，丰富的绿地类型可以为生物提供多种多样的生长环境，为维护景观生物多样性提供必要的条件。

合理地利用“边缘效应”增大交错区中物种的多样性，使一些生物物种更加有活力，并且提高它们的生产力。

（三）特色铺装，展现特色文化

城市景观作为城市空间的一部分，应当注重文化内涵的表达，尤其是城市的特色文化，同时该公园原为法制主题公园，具有独特的文化特征，在改

造设计中要通过特色铺装，小品、雕塑等景观要素对城市的地域特征及公园本身的文化特点予以充分体现。

（四）利用乡土植物及化感作用，维持生物多样性

进行合理的植物配置，在满足景观效果的同时，充分利用乡土植物，降低管理成本，体现景观地域特点。

同时合理地利用植物间的化感作用，有效地促进植物间和谐健康的生长，从而维持景观生物的多样性和稳定性。

二、景观要素

（一）人工要素

景观要素在满足景观效果、功能性、适宜性的同时，更加注重生态性和地域性。在人工要素方面选用一些生态型的铺装材料等，在设施方面选用一些可以利用太阳能、风能的路灯垃圾箱等。

（二）植物要素

在植物方面以石家庄的市树国槐、市花月季等乡土植物为主，同时选用一些抗污染的植物，如桧柏、侧柏、白皮松等，发挥树木净化空气的作用。同时适度引进外来物种丰富景观效果。

参考文献

[1] 刘宇洋, 祁素萍. 关于生态景观设计的思考[J]. 艺术与设计(理论版), 2015, 2(9): 53-54.

[2] 温国胜, 杨京平, 陈秋夏. 园林生态学[M]. 北京: 化学工业出版社, 2007.

[3] 肖笃宁. 景观生态学(第二版)[M]. 北京: 科学出版社, 2010.

[4] 杨经文. 生态设计手册[M]. 黄献明, 吴正旺, 栗德祥, 等译. 北京: 中国建筑工业出版社, 2014.

[5] 杨鹏. 融情于景——现代城市互动景观设计初探[D]. 湖北工业大学, 2015.

[6] 姜乃煊. 城市景观设计策划研究[D]. 哈尔滨工业大学, 2016.

[7] 张春雷. 基于文脉的城市景观设计探究[D]. 长安大学, 2013.

[8] 张富余. 基于低碳理念的现代城市公共空间景观设计[D]. 青岛理工大学, 2015.

[9] 刘凌. 城市公园中的景观符号设计研究[D]. 南京林业大学, 2015.

[10] 石忠贵, 黄丽霞. 当代中国城市景观设计的现状与发展[J]. 广东科技, 2013, 22(22): 219-220.

[11] 吴良镛. 城市地区理论与中国沿海城市密集地区发展[J]. 城市规划, 2003(2): 12-16; 60.

[12] 李钢. 地域性景观设计[J]. 安徽农业科学, 2008(16): 6734; 6736.

[13] 孙娟, 崔功豪. 国外区域规划发展与动态[J]. 城市规划汇刊, 2002(2): 48-50; 80.

[14] 宋雁航. 城市景观设计中传统文化元素的运用[J]. 住宅与房地产, 2016(9): 31-32.

[15] 丁南. 城市公共空间景观设计的研究与实践[D]. 青岛理工大学, 2012.
[16] 李鑫扬, 王艳. 从人的角度论城市景观设计的安全性[J]. 设计艺术研究, 2015, 5(4): 15-21.
[17] 毕晓蕊. 城市街道绿化景观设计中的地域性研究[D]. 西安建筑科技大学, 2013.
[18] 俞孔坚. 景观: 文化、生态与感知[M]. 北京: 科学出版社, 1998.
[19] 张煜, 万薇薇. 老建筑改造与再生研析[J]. 江苏建筑, 2009(4): 10-12.